本书得到以下项目支持：
山东省自然基金重点项目"叶轮驱动式膜杂混合物沉降分层迁移过程解析及机构优化研究"
（编号：ZR2020KE045）
国家自然基金面上项目"滚筒筛式膜杂风选机筛孔堵塞过程解析与逆向间歇清堵方法研究"
（编号：52175238）

气吸式梭形筛
膜杂分离机理及装置研究

彭强吉　康建明　等　著

中国农业出版社
北　京

图书在版编目（CIP）数据

气吸式梭形筛膜杂分离机理及装置研究／彭强吉等
著．—北京：中国农业出版社，2023.12
　ISBN 978-7-109-31863-2

　Ⅰ．①气…　Ⅱ．①彭…　Ⅲ．①农用薄膜－回收技术
Ⅳ．①X71

中国国家版本馆 CIP 数据核字（2024）第 067433 号

中国农业出版社出版
地址：北京市朝阳区麦子店街 18 号楼
邮编：100125
责任编辑：屈　娟　文字编辑：李兴旺
版式设计：李　文　责任校对：吴丽婷
印刷：三河市国英印务有限公司
版次：2023 年 12 月第 1 版
印次：2023 年 12 月河北第 1 次印刷
发行：新华书店北京发行所
开本：720mm×960mm　1/16
印张：8.75
字数：160 千字
定价：68.00 元

· 著 者 名 单 ·

《气吸式梭形筛膜杂分离机理及装置研究》

主　　著　彭强吉　康建明

参与作者　李成松　岳　会　蒋永新　刘旋峰

　　　　　　　牛长河　王小瑜　杨茹莎　张志强

主要著者简介

彭强吉，男，1983 年 12 月生，山东临沂人，工学博士，工程师。2013 年至今在山东省农业科学院农业机械科学研究院工作，主要从事残膜污染治理、特色林果产业机械化、棉花烟草机械化打顶等技术与装备研究。近年来先后主持省部级课题 5 项，参与国家或省部级项目 12 项；以第一或通讯作者发表论文 22 篇（EI 收录 9 篇，SCI 收录 3 篇）；获得国家授权专利 30 项，其中 4 项专利实现成果转化 200 万元；获得省级科技奖励 6 项。

康建明，男，1984 年 7 月出生于山西阳泉，工学博士，研究员。现任山东省农业科学院农业机械科学研究院副院长。长期从事农田残膜污染治理装备研发工作，主持国家自然科学基金项目 2 项，山东省重大专项、重点研发计划等项目 3 项。获省级以上奖励 2 项，以第一作者或通讯作者发表 SCI/EI 论文 20 余篇，第一位授权发明专利 11 件、实用新型专利 20 件，登记软件著作权 5 件。

序

地膜覆盖栽培技术具有增温、保墒、抑制杂草、减轻作物病害等作用，可大大提高作物产量，在我国西北、华北等植棉区被广泛应用。地膜覆盖栽培技术在给农业生产带来巨大经济效益的同时，也给农田生态环境造成了严重的"白色污染"。大量残留地膜留在土壤表面和耕层，阻隔水分和肥料的运移，恶化土壤耕层结构，影响种子发芽和作物根系生长；土壤表面和耕层的残膜达到一定量时会损坏农机部件。机械化回收并循环利用残膜是现代农业绿色发展的方向，具有巨大的经济效益和广阔的应用前景。近年来，国家在政策和资金上加大了对残膜回收技术及装备的支持力度，国内科研院所及相关企业研制了弹齿式、网链式、搂膜式、耙齿式、随动式、滚筒式、集条式等农田残膜回收机械，取得初步成效。但在前期调研中发现，机械化回收后的残膜中含有大量棉秆、土壤等杂质，且残膜与棉秆、土壤颗粒等缠绕、包裹，由于缺乏高效的残膜清选设备，回收后的机收残膜混合物只能被随意堆放、掩埋或者焚烧，仍然未从根本上解决残膜污染问题。中央1号文件多次明确提出发展生态循环农业，加强农膜污染治理，推进生态环境建设。基于当前技术与国情，加厚耐候地膜和可降解地膜短时期内还难以在农业生产中大面积推广，今后相当长的时间内，残膜机械化回收仍将是解决农田残膜污染的主要手段。残膜的主要成分是聚乙烯，可用来加工塑料颗粒，我国每年进口废旧塑料200万t以上，均用来加工塑料颗粒，残膜资源化利用是必然选择。机收残膜混合物中杂质含量高是阻碍其资源化利用的主要难题，从机收残膜混合物中分离出干净的残膜成为资源化再利用的首要环节，残膜筛分技术与装备是衔接残膜机械回收与残膜再利用的关键。

残膜与棉秆、土壤的筛分属于农业物料的清选范畴，但与传统农业物料（水稻、玉米）的清选又不尽相同，残膜-土壤-棉秆混合物是一种复杂的农业物料团聚体，残膜具有易缠绕、易黏附等特性；棉秆长短粗细不一；土壤类型、含水率各不相同，三种物料相互粘连，形态各异，与传统筛分对象的机械物理特性和空气动力学特性有极大的差别，直接采用传统的风选、振动、静电等物料分离方法难以将残膜从混合物中分离出来。因此，膜杂混合物的物料特性、膜-秆-土分离机理是提升膜杂混合物分离质量的关键。

基于此，本书旨在通过理论分析、仿真模拟和试验研究相结合的方法，从膜杂混合物物料特性入手，研究残膜-土壤-棉秆之间相互作用关系，创制一种膜杂分离装置，明确膜杂分离机理，寻求影响残膜分离作业效果的关键因素，试验获取较优结构和工作参数，解决膜杂混合物分离不彻底的问题。研究成果可打通残膜回收、再利用的中间瓶颈，加快推进残膜机械化回收与综合利用进程，健全综合治理"白色污染"产业链环节，促进农业绿色发展。

本书创新性分析有：

（1）提出了一种气吸运移和梭形筛分相结合的膜杂混合物分离方法。本书针对机收残膜分离不彻底难以利用的问题，结合膜杂混合物特殊物料性质，提出一种气吸运移与梭形筛分相结合的膜杂分离方法。首先利用梭形筛分的方法解决分离过程因物料差异大出现的局部堆积问题，同时利用梭形筛打散混合物中的团聚物；其次利用气吸运移配合梭形筛结构，解决筛孔堵塞与气流不集中难以运移残膜的问题。

（2）创制了一种气吸式梭形筛膜杂混合物分离装置。基于膜杂分离技术方案，创制了一种气吸式梭形筛膜杂混合物分离装置，并对关键部件进行了设计，通过虚拟仿真与物理样机试验，优化分离装置结构参数和工作参数，有效降低了膜中含杂率和漏膜率，拓展了柔性膜与硬质棉秆的分离方式，为机收膜杂混合物筛分装备的研发提供理论依据。

本书是农业现代化发展过程中的阶段性成果，是在乡村振兴等背景下进行的相关研究，还有进一步深入的空间。希望彭强吉博士能以此为起点，就中国农业现代化发展中需要的相关技术理论及实践继续进行深入研究，早日发表新的研究成果。

西南大学工程技术学院　教授　李成松

2023 年 6 月

　　机械化回收并循环利用是解决农田残膜污染的必由之路。当前，残膜机械化回收已初见成效，但是机械化回收后的残膜破损严重，并与棉秆、土壤颗粒等杂质缠绕、包裹，难以清选回收再利用。针对上述问题，本书以机收膜杂混合物为研究对象，基于破碎处理后膜杂混合物的物料特性，提出气吸运移与梭形筛分相结合的分离方法，创制了一种气吸式梭形筛膜杂分离装置，研究了膜杂混合物分离过程中的力学特性，确定了影响膜杂分离作业效果的关键因素；通过试验获取最优参数组合，为膜杂分离装备开发提供理论与技术支持。主要研究内容及成果如下：

　　（1）以机收膜杂混合物为研究对象，通过取样、分拣与统计，确定了混合物中残膜、棉秆、土壤颗粒的比例及物理参数；通过自制的破碎装置制备了适于分离的膜杂混合物料，并对制备的物料基本物理参数进行了测定，得出预处理后残膜面积为 $1\sim170$ cm^2，棉秆长度为 $6\sim50$ mm，土壤颗粒粒径为 $3\sim12$ mm，残膜的密度测量值为 0.213 g/cm^3，对膜杂混合物中各组分悬浮速度测定，得出残膜悬浮速度为 $1.8\sim3.2$ m/s，棉秆悬浮速度为 $5.9\sim10.2$ m/s，土壤颗粒悬浮速度为 $6.4\sim12.8$ m/s，明确各组分悬浮速度的差异是膜杂分离的基础，为后续膜杂混合物分离机理的研究和装备研发提供基础参数。

（2）基于膜杂混合物的物料特性分析，根据膜杂混合物分离要求，明确了膜杂混合物分离工艺流程，提出了一种气吸运移与梭形筛分离相结合的方法，确定前端以膜土分离为主、中间以物料抛送为主、后端以膜秆分离为主的分离方案，创制了气吸式梭形筛膜杂分离装置，并分析了其筛分原理；此外，对其关键部件（梭形筛体、螺旋叶片、离心风机系统等）进行了设计与分析，推导并建立了螺旋叶片曲线参数方程，确定了梭形筛体的倾角大小、中间抛送圆环体的结构，以及膜土分离体、膜秆分离体筛孔的大小与排布等结构和工作参数。

（3）混合物在分离装置内，首先经过膜土分离体内的推送搅拌实现土壤颗粒分离，然后通过中间抛送圆环体对膜秆进行抛送，再通过膜秆分离体内气流场实现膜秆分离，最终得到干净的残膜。本书对混合物料在装置内的分离过程进行力学特性分析，明确膜杂分离过程中的物料力学特性的影响规律，构建混合物料在分离装置内部的运动方程，确定了梭形筛转速、螺旋叶片螺距、抛送板倾角、气流角度、风速大小等是影响分离效果的关键因素，为后续分离装置仿真与关键参数取值范围确定提供条件。

（4）构建了物料模型，通过对比堆积角仿真试验和物理试验测定值，二者相对误差为 3.99%，表明该物料模型可表征混合物料实际状态。通过离散元仿真分析，确定螺旋叶片为 2.5 圈，螺旋升角为 16.53°，中间抛送圆环体抛送板安装角度为 28°。根据有限元仿真试验，明确了梭形筛内气流场分布特征，确定风速、气流角度、挡板高度等因素对膜杂分离装置分离室内气流场的影响规律。通过耦合仿真试验，探究试验因素对气吸式梭形筛膜杂分离装置分离性能的影响规律。确定因素的较优范围，其中吸风口风速、气流角度、挡板高度分别为 9～13 m/s、20°～35°、160～200 mm，为后续开展膜杂分离物理试验奠定了基础。

（5）搭建了气吸式梭形筛膜杂分离装置，以吸风口风速、气流角度、挡板高度、喂入量为影响因子开展响应面试验研究与分析，建立膜中含杂率和漏膜率对四因素三水平二次多项影响模型。确定各因素对膜中含杂率影响显著顺序，由大到小为喂入量、吸风口风速、挡板高度、气流角度；各影响因素对漏膜率模型影响显著性顺序，由大到小为吸风口风速、气流角度、喂入量、挡板高度。利用 Box-Behnken 组合试验法优化分析得出最优工作参数组合为吸风口风速 11 m/s、气流角度 35°、挡板高度 190 mm、喂入量 165 kg/h；二次验证试验表明，该条件下膜中含杂率为 8.31％，漏膜率为 0.098％，与优化模型相对误差在 7％之内，表明优化模型能够较好地反映膜杂分离装置的作业性能，满足膜杂混合物分离要求。

著者

2023 年 6 月

序

前言

第1章
绪　　论

1.1　研究背景及意义

地膜覆盖栽培技术具有增温、保墒、抑制杂草、减轻作物病害等作用，可大大提高作物产量（程方平 等，2023；蒋德莉 等，2020），在我国西北、华北等植棉区被广泛应用（胡广发 等，2021）。地膜覆盖栽培技术在给农业生产带来巨大经济效益的同时，也给农田生态环境造成了严重的"白色污染"（图1-1），大量残留地膜（简称残膜）留在土壤表面和耕层，阻隔水分和肥料的运移，恶化土壤耕层结构，影响种子发芽和作物根系生长（赵岩 等，2017）；土壤表面和耕层的残膜达到一定量时会损坏农机部件（胡灿 等，2019）。机械化回收并循环利用残膜是现代农业绿色发展的方向，具有巨大的经济效益、广阔的应用前景（林涛 等，2019）。

图1-1　残膜污染

近年来，国家在政策和资金上加大了对残膜回收技术及装备的支持力度，国内科研院所及相关企业研制了弹齿式（康建明 等，2018）、网链式

（戴飞 等，2018）、搂膜式（王科杰 等，2017）、耙齿式（田多林 等，2020）、随动式（蒋德莉 等，2019）、滚筒式（陈兴华 等，2020）、集条式（牛琪 等，2017）等农田残膜回收机械，残膜机械化回收已取得初步成效。但在前期调研中发现，机械化回收后的残膜中含有大量棉秆、土壤等杂质，且残膜与棉秆、土壤颗粒等缠绕、包裹，由于缺乏高效的残膜清选设备，回收后的机收残膜混合物只能被随意堆放、掩埋或者焚烧，仍然未从根本上解决残膜污染问题（梁荣庆 等，2019；石鑫 等，2022）。

中央 1 号文件多次明确提出发展生态循环农业，加强农膜污染治理，推进生态环境建设（何浩猛 等，2021）。基于当前技术与国情，加厚耐候地膜和可降解地膜短时期内还难以在农业生产中大面积推广（跳嵘 等，2020），今后相当长的时间内，残膜机械化回收仍将是解决农田残膜污染的主要手段。残膜的主要成分是聚乙烯，可用来加工塑料颗粒，我国每年进口废旧塑料 200 万 t 以上，均用来加工塑料颗粒（刘佳 等，2021），残膜资源化利用是必然选择。机收残膜混合物中杂质含量高是阻碍其资源化利用的主要难题，从机收残膜混合物中分离出干净的残膜成为资源化再利用的首要环节。因此，残膜筛分技术与装备是衔接残膜机械化回收与残膜再利用的关键。

残膜与棉秆、土壤的筛分属于农业物料的清选范畴，但与传统农业物料（水稻、玉米）的清选又不尽相同，残膜-土壤-棉秆混合物是一种复杂的农业物料团聚体，残膜具有易缠绕、易黏附等特性；棉秆长短粗细不一；土壤类型、含水率各不相同，三种物料相互粘连，形态各异，与传统筛分对象的机械物理特性和空气动力学特性有极大的差别，直接采用传统的风选（刘佳 等，2021）、振动（闫典明 等，2022）、静电（许胜麟 等，2021）等物料分离方法难以将残膜从混合物中分离出来。因此，膜杂混合物的物料特性、膜-秆-土分离机理是提升膜杂混合物分离质量的关键。

基于此，本书旨在通过理论分析、仿真模拟和试验研究相结合的方法，从膜杂混合物物料特性入手，研究残膜-土壤-棉秆之间相互作用关系，创制一种膜杂分离装置，明确膜杂分离机理，寻求影响残膜分离作业效果的关键因素，试验获取较优结构和工作参数，解决膜杂混合物分离不彻底的问题。研究成果可打通残膜回收与再利用的中间瓶颈，加快推进残膜机械化回收与综合利用进程，健全综合治理"白色污染"产业链环节，促进农业绿色发展。

1.2 国内外研究现状

国外推广使用高强度、耐老化地膜（王维岗 等，2002），这种地膜回收时仍有较大强度，回收时以卷收式为主，回收后的残膜含杂率较低，可反复使用或直接加工塑料颗粒，不需要对膜杂混合物进行二次筛分处理，鲜有关于残膜筛分技术和装备的相关报道（蒋德莉 等，2020）。国内残膜厚度大多为 0.004～0.008 mm，回收时残膜拉伸强度低、韧性差、膜面破损严重（由佳翰 等，2017），因此难以借鉴国外残膜机械化回收与利用经验。国内外学者在膜杂混合物分离，以及与其相似特性的塑料垃圾清选分离方面进行了大量的研究，并取得了一定的成果。

1.2.1 膜杂混合物振动筛分技术研究

张学军等（2019）研究设计的膜土分离装置，利用逆向分离过程将膜土混合物中的土块等杂质分离出来，提高了残膜混合物的整体分离率，但是难以实现残膜与根茬的有效分离；罗凯（2018）研发了链筛式残膜回收机，振动机构使得筛板上面的膜杂混合物受到进给推进和筛板角度变化激振作用，杂质由于受到滑移、跃起、振动等作用而实现分离；王晓明（2015）针对残膜中夹杂大量秸秆和土的问题，研发了抖动链式残膜回收机（其膜土分离机构由抖动筛和皮带传动组成），并对抖动筛频率、振幅、筛面倾角进行了设计；张佳（2019）设计了一种输送带式残膜混合物分离机构（图1-2），确定了分离机构性能指标的最优组合，实现一次性完成残膜挖铲、膜土以及膜

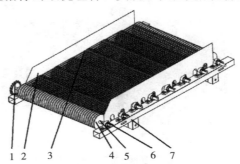

图 1-2 分离机构结构

1. 主动链轮 2. 挡板 3. 同步带 4. 带轮 5. 驱动轴 6. 带座轴承 7. 机架

茬分离、残膜收集；张亚萍（2018）从安装碎土装置、增大筛程、安装导土装置、调整后筛面倾角等4个方面优化铲筛式残膜回收机，机具膜土比相比原来提高3.6倍，膜土比显著增大。

何欢欢等（2015）设计了振动筛式土壤-残膜分离装置，采用双曲柄连杆机构研制了土壤-残膜分离振动筛，以筛分率、筛分效率为指标，得到最优筛分率方案。彭祥彬（2023）设计了交错式多筛体膜杂除土装置（图1-3），在筛体运动学、动力学分析基础上，明确筛面混合物运动参数，以膜杂筛分效率和膜杂除土率为试验指标，优化了曲轴转速、筛面倾角、筛体振幅等因素。

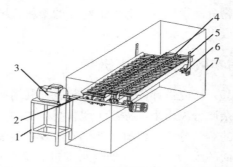

图1-3　交错式多筛体膜杂除土装置结构

1. 电机支架　2. 前驱动曲轴　3. 调速电机　4. 筛体　5. 筛面倾角调节孔　6. 后从动曲轴　7. 机架

游兆延（2017）利用上下平行排布的双筛体进行残膜回收膜土分离（图1-4），设计振动频率为3～5.5 Hz，筛面结构为锯齿筛，通过试验优化了

图1-4　双筛驱振式膜土分离装置结构

1. 机架　2. 驱动轴　3. 前筛驱振臂　4. 连杆组件　5. 前筛
6. 偏心驱振臂组件　7. 后筛驱振臂　8. 后筛

前进速度、逐膜筛振幅、逐膜筛振动频率、锯齿间距等参数，实现较好的杂质分离效果。

周桂鹏等（2023）根据膜杂中各组分摩擦力学特性差异，设计了滚筒式棉田机收膜杂除土装置（图1-5），筛筒由多个带有法兰的小筛筒拼接而成，且筛筒内部安装有螺旋叶片，混合物进入筛筒后，在筛筒转动作用下将土壤筛分出来，落下的土壤经排杂装置运送到一侧。

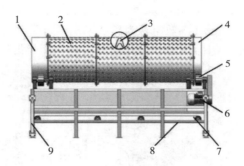

图1-5 滚筒式膜杂除土装置结构

1. 出料口 2. 筛筒 3. 螺旋叶片 4. 喂料口 5. 托轮
6. 减速电机 7. 排杂输送带 8. 机架 9. 液压调节装置

1.2.2 膜杂混合物气力筛分技术研究

荆双伟（2017）设计了膜杂混合物分选系统，由撕碎装置、风选系统、动力传动系统和机架系统组成，针对风选腔将水平式改为上扬式，提高了分离效果；刘树华等（2010）将膜杂物料破碎和膜杂分离相结合，研制了一种废旧地膜提取装置，在混合物破碎的同时利用风机将地膜吸入导管并吹出；张家港市贝尔机械有限公司（2016）设计了由若干盘筛组成的分选输送平台（图1-6），输送过程中物料被抖松、铺散，负压风机通过吸料罩将残膜吸入吸料管道并排出。

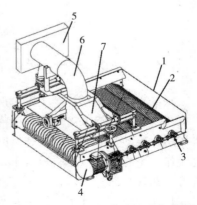

图1-6 气力膜杂混合物分离装置

1. 机架 2. 盘筛 3. 转轴 4. 电机
5. 负压风机 6. 吸料管道 7. 吸料罩

部分学者将筛分与气流作用相结合，进行筛分清选应用，进一步提高分离效果。杨猛（2020）根据残膜、花生秧、土壤尺寸特征和悬浮特性设计了膜秧分离装置，采用一前一后、一上一下的两级离心风机与双层振动筛组合进行分离作业，分离效果较好（图 1-7）；马少辉（2016）分析了振动＋风吹筛分过程中筛面气流变化情况，发现横向两侧气流速度低，中间气流速度高，曲线平缓对称，纵向气流速度呈 N 形变化，竖向 100 mm 位置层气流速度最大；赵磊（2016）设计了风筛式土壤残膜分离装置，利用风筛试验，得到振动筛、离心风机最佳参数组合为离心风机倾角 5°、出风口风速 20 m/s、曲柄转速 180 r/min、筛面倾角 6°、鱼鳞筛开度 20°，残膜回收率为 93.2%。

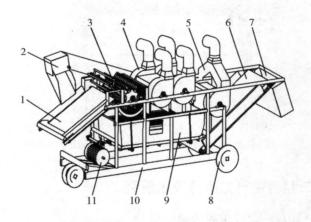

图 1-7　筛分与气力耦合分离装置

1. 喂入装置　2. 破碎装置　3. 揉切装置　4. 上层筛离心风机　5. 下层筛离心风机
6. 物料提升输送装置　7. 出料口　8. 行走轮　9. 双层振动筛　10. 机架　11. 电机

刘梦霞等（2016）基于膜杂混合物中不同组分悬浮速度差异，设计了气力滚筒式膜杂分离装置，滚筒内焊接有螺旋叶片，整个装置运行时滚筒在电机作用下旋转。滚筒内部的螺旋叶片作用是把棉秆推送到滚筒前端，在风机气流作用下将地膜从出料口吹出，并通过仿真试验确定了主要工作参数。石鑫等（2016）通过对棉秆、根茬及地膜在风场中的行为进行运动学分析，测定其悬浮速度，设计了滚筒筛式废旧地膜与杂质风选装置（图 1-8），并对风选装置的关键部件进行了设计分析，在试验研究基础上获得了最佳参数组合。

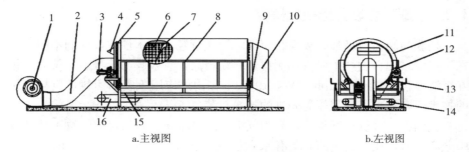

a.主视图   b.左视图

图1-8 滚筒筛式废旧地膜与杂质风选装置

1. 风机 2. 风管 3. 电机 4. 进料斗 5. 齿圈 6. 旋转筛筒 7. 螺旋叶片 8. 机架

9. 机架调节装置 10. 地膜出料口 11. 外罩 12. 减速机 13. 托轮 14. 细小杂物输送带

15. 秸秆根茬出料口 16. 秸秆根茬输送带

    康建明等(2022)针对滚筒筛式膜杂风选机在试验过程中筛孔堵塞问题,通过理论分析、计算流体力学仿真以及曲线拟合等方法,设计了一种筛孔清堵装置,提高了滚筒筛式膜杂风选机工作效率。白博(2011)设计了一种棉秆原料地膜分离机(图1-9),将送风系统与分离系统相连接,利用机收膜杂混合物破碎后在风场中较轻的残膜被吹送的距离远、较重的棉秆与土块被吹送的距离较近的特性来实现膜杂混合物的有效分离。

    康建明等(2021)设计了一种残膜回收机吸膜除杂装置(图1-10),利用离心风机产生的负压将残膜吸入集膜箱,实现秸秆和碎土块等杂质分离,可降低机收膜杂混合物中杂质的含量。

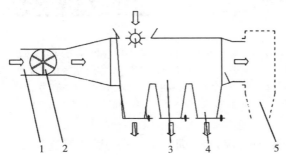

图1-9 棉秆原料地膜分离机

1. 进料系统 2. 送风系统 3. 分离装置

4. 出料口 5. 地膜收集系统

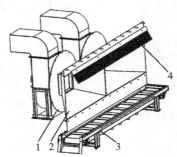

图1-10 吸膜除杂装置结构

1. 离心风机 2. 集风罩板

3. 杂质输送装置 4. 脱膜装置

1.2.3 塑料垃圾分选技术研究

残膜与塑料垃圾具有较高相似性，即质量轻、亲水性差。它们不同之处在于残膜在混合物料中所占比例比塑料垃圾高，且残膜与棉秆、土壤之间相互缠绕、包裹（Bioldulph MW，1987）。国内外应用于废旧塑料垃圾与杂质的技术研究较多，有着较为先进的技术与装备工艺。

美国在 20 世纪 70 年代初利用气流分选技术将破碎后可燃性物料从垃圾中分离出来，比较先进的装备有水平气流风选分离系统（Carrera P，1991；Stessel R I，Pelz S，1994；Wang Q，Melaaen MC，et al.，2001；Shapiro M，Galperin V，2005）（图 1 - 11）与立式多段垃圾风力风选装置（Eswaraiah C，Kavitha T，et al.，2008；Johansson R，2014；Zagaj I，Ulbrich R，2014；Cazacliu B，Sampaio CH，et al.，2014）（图 1 - 12）。

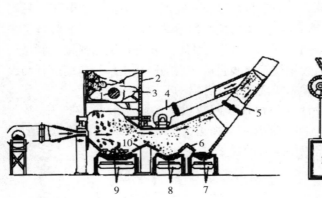

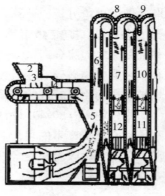

图 1 - 11　水平气流风选机分离系统
1. 轴　2. 粉碎机　3. 破碎转子
4. 风机　5. 二级分离装置　6. 导料板
7、8、9. 输送皮带　10. 导料板

图 1 - 12　立式多段垃圾风力风选装置
1. 风机　2. 料斗　3. 输送机　4. 叶片
5. 垂直分离室　6. 渐缩通道　7. 第一分离柱
8. 窄颈部　9. 缩颈部　10. 第二分离柱
11、12. 栅格

荷兰 NIHOT 回收技术有限公司（2011）研制了立式与卧式气流分选装置，两种结构原理相同，均基于物料密度特性差异，通过调节旋风分离器风力大小进行二次分选，将密度较小的废旧塑料从垃圾中分离出来（图 1 - 13）。Nihot 回收技术有限公司（2011）研制了塑料真空负压回收系统（FVS），主要是利用负压作用将密度较小的塑料吸入管道，然后在旋风分离机中进行分离（图 1-14）。

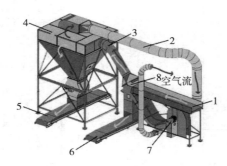

图 1-13　立式气流密度分选装置
1. 上料输送带　2. 气流管　3. 物料输送管　4. 分离器
5. 轻物料输出带　6. 重物料输出带　7. 循环鼓风机　8. 旋风分离器

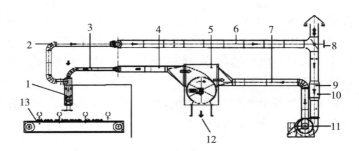

图 1-14　塑料真空负压回收系统
1. 真空抽吸入口　2. 回流管道　3. 输送管道　4. 主管道
5. 离心气流分离机　6. 回流管道　7. 吸取管道　8. 空气阀　9. 消音器
10. 回流管　11. 循环风扇　12. 地膜出口　13. 输送带

　　日本较重视塑料垃圾分类，设有专门的塑料处理促进协会，主要利用塑料的密度和形状差异进行塑料分离。塑料风选装置以圆柱形圆筒为主体结构（图 1-15），主要通过风机从下部吹入高速空气气流实现不同材质塑料的风选。美国一家垃圾风选中心研制了一种垂直气流分离装置（图 1-16），通过风机吸力作用，形成负压通道，实现不同塑料薄膜的风选。

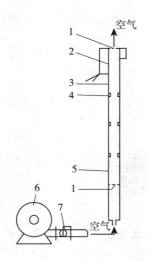
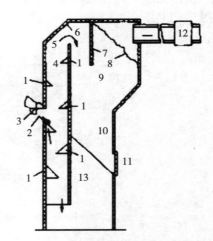

图 1-15　塑料风选装置
1.过滤网　2.悬浮物回收圆筒
3、5.分离圆筒　4.加速风门
6.送风机　7.风量调节阀门

图 1-16　垂直气流分离装置
1.反向板　2.斜槽　3.旋转式送料器
4.分离竖井　5.分离圆筒　6.上壁
7.反向板　8.过滤网　9.收集室
10.料斗　11.闸板　12.风机　13.密封室

杨先海等（2007）研究塑料分选的工作机理，建立垃圾分选成分在分选设备中运动的分析模型。通过试验明确了垃圾堆密度、气流速度、气流的倾角、清选区域高度等各个因素与清选率之间的关系，获得了较优的参数取值范围，其基本结构和气流流向如图 1-17 所示。

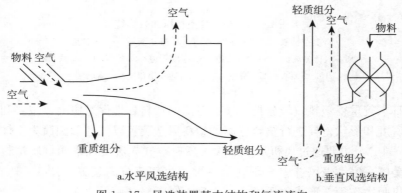

a.水平风选结构　　　b.垂直风选结构
图 1-17　风选装置基本结构和气流流向

　　李春花等（2013）基于废塑料的动力学特性建立了其在分选装置中的较为精确的动力学方程。应用软件编程仿真，得出了塑料运动轨迹和落点位置，利用塑料成分在气流场中运动轨迹的差异将其与其他成分分离，得出此时的清选参数。钟红燕等（2011）在回收废旧塑料薄膜专用破碎机的基础上设计了一种气流吸送系统，能使破碎主机进料口和破碎室处于负压状态，实现了喂料顺、破碎快、排料畅、无粉尘外逸的良好效果。

　　综上所述，国内外学者对膜杂混合及其相关薄膜混合物料的振动筛分技术装备、气力筛分技术装备、混合物物料特性、气流两相流中物料的运动分析等（郭文松，2011；Ildar Badretdinov，2019；Saitov V，2019；冷峻 等，2020；樊晨龙 等，2018；王立军 等，2018；李洪昌 等，2012；刘红 等，2012）进行了大量研究。研究分析发现，柔性膜易于裹挟或者缠绕其他物质是分离的难点，对于颗粒状或块状的杂质通过振动可实现有效分离，但不同的振动形式分离效果差异较大；对于膜与秆或块等散状物料分离，通常利用悬浮速度的差异性，借助气力进行物料分离，其中分离形式有气吹式和气吸式；为获得较好的分离效果，通常采用抛送或搅拌等方式将残膜与其他混合物料打散。但是由于残膜与棉秆、土壤颗粒之间物理特性差异大，易于粘连棉秆或土壤颗粒，分离过程中易出现局部堆积、作业性能不稳定（石鑫 等，2016）、气流吸力不集中、筛孔堵塞（康建明 等，2022）等问题，导致膜杂混合物分离不彻底，混合物的物料特性、分离方式及分离机理有待深入研究。

　　在借鉴现有膜杂混合物分离技术及装备基础上，对膜杂混合物的物料特性进行研究，提出一种气吸运移和梭形筛筛分相结合的方法，明确膜杂分离方案，设计一种气吸式梭形筛膜杂混合物分离装置，探究膜杂混合物在分离装置中的分离机理，阐明筛体结构与工作参数之间的互作关系，创制一种气吸式梭形筛膜杂分离装置；通过对膜杂分离过程中的力学特性进行分析与仿真试验，寻求影响残膜分离作业效果的关键因素和因素值范围；通过膜杂分离装置试验研究，获取较优结构和工作参数，彻底解决分离过程中残膜与棉秆、土壤颗粒分离不彻底的问题，为膜杂混合物分离提供理论依据，为膜杂分离装备开发提供理论与技术支持。

1.3　研究内容和技术路线

1.3.1　研究内容

针对农田残膜机械化回收后残膜混合物难以分离利用的问题，开展物料特性和膜杂分离机理研究，创制一种气吸式梭形筛膜杂分离装置，寻求影响膜杂分离作业效果的关键因素，通过试验研究获取较优结构和工作参数，实现膜杂混合物的高效分离。主要研究内容如下：

（1）膜杂分离物料的制备与悬浮特性分析。以棉田机械化回收后的膜杂混合物为研究对象，通过对膜杂混合物基本物理参数试验分析，获取混合物中各组分混合比例及几何参数分布特征，明确利用破碎装置对机收膜杂混合物进行破碎处理，制备适于高效分离的膜杂分离物料。对处理后的膜杂混合物进行测定分析，得到残膜面积分布、棉秆长度分布、土壤颗粒粒径分布等基本物理参数；同时对残膜、棉秆、土壤颗粒悬浮特性分析，明确其悬浮速度差异范围，为膜杂分离装置设计、仿真试验奠定基础参数。

（2）气吸式梭形筛膜杂分离装置的设计。在膜杂混合物物料特性基础上，根据膜杂混合物分离的要求，明确膜杂混合物分离工艺流程，提出一种气吸运移与梭形筛分离相结合的方法，确定前端以膜土分离为主、中间以物料抛送为主、后端以膜秆分离为主的分离方案，创制气吸式梭形筛膜杂分离装置，分析其分离原理；对关键部件梭形筛体、螺旋叶片、离心风机系统等进行设计与分析，推导建立螺旋叶片曲线参数方程，确定筛体倾角、膜土分离体筛孔大小与排布、中间圆环体、膜秆分离体筛孔大小与排布等结构和工作参数。

（3）膜杂分离过程的理论分析。根据膜杂混合物在气吸式梭形筛膜杂分离装置的运动状态，分为膜土分离、中间抛送、膜秆分离3个过程；对混合物料在装置内部上述分离过程进行力学特性分析，获取了膜杂分离过程中的物料力学特性影响规律，构建混合物料在分离装置内部的运动方程，阐明分离装置结构参数和工作参数之间的互作关系，明确影响混合物分离过程中影响分离的关键因素，为后期仿真和物理试验奠定理论基础。

（4）气吸运移条件下膜杂混合物运动仿真分析。构建膜杂混合物的物料模型并进行验证，开展膜杂分离装置内离散元仿真分析，确定梭形筛体螺旋叶片螺距、抛送板角度等参数；开展气吸式梭形筛膜杂分离装置内气流特性分析，明确分离室内流场分布特性，以及影响分离室内流场特性的因素；通过耦合仿真分析，探究试验因素对膜杂分离作业性能的影响规律和范围，为后续开展膜杂分离物理试验奠定基础。

（5）气吸式梭形筛膜杂分离装置试验研究。搭建参数可调的气吸式梭形筛膜杂离装置，以吸风口风速、气流角度、挡板高度、喂入量等为影响因素，膜中含杂率和漏膜率为评价指标，开展气吸式梭形筛膜杂分离装置试验研究；探明各因素对气吸式梭形筛膜杂分离装置分离性能的影响规律，进行目标参数优化设计，获得分离装置最佳工作参数组合，并开展验证试验。

1.3.2 技术路线

拟采用理论分析、模拟仿真与试验研究相结合的方法，在机收残膜混合物综合利用现状调研基础上，明确膜杂分离的关键技术难点，确定总体研究方案。

以机械化回收的残膜混合物为研究对象，基于破碎处理后膜杂混合物的物料特性，提出气吸运移与梭形筛分相结合的方法，创制了一种气吸式梭形筛膜杂分离装置，并对其关键部件进行设计。对膜杂混合物在装置内的分离过程进行分析，阐明装置结构和工作参数之间的互作关系；建立物料和装置模型，对装置内气流场特性和物料分离过程进行仿真模拟，探明物料运移规律与因素范围。搭建气吸式梭形筛膜杂分离装置，开展各因素对分离装置分离性能的影响规律研究，获取最优结构和工作参数，阐明膜杂混合物分离机理，创制分离作业装备。拟采用的技术路线如图 1-18 所示。

1.4 本章小结

本章以农田机收残膜混合物为研究对象，阐述了残膜混合物综合化利用的重要意义，梳理了膜杂混合物及其相关薄膜混合物料分离装备研究进展，确定了膜杂混合物分离不彻底是导致机收残膜混合物难以利用的难题。

结合现有技术装备和混合物的物料特性，明确了膜杂混合物分离技术理论与装置研究的必要性，确定了研究的主要内容，制定了技术路线。

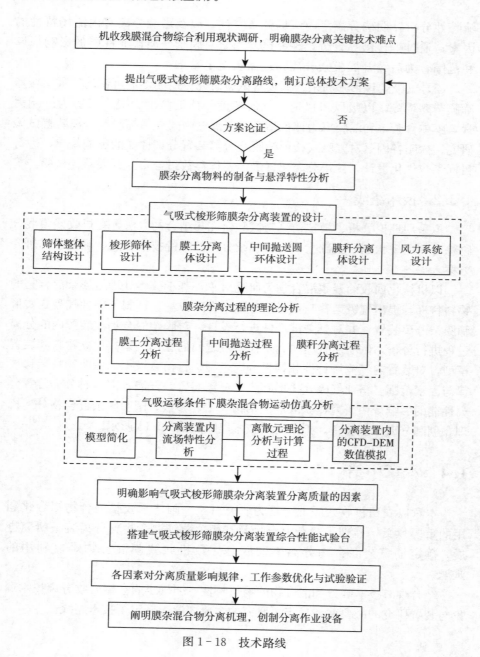

图 1-18　技术路线

第2章
膜杂分离物料的预处理与悬浮特性分析

膜杂混合物的基本物理参数及其悬浮特性是指导农机产品设计与产品分析的前提与基础。本章以棉田机械化回收后的膜杂混合物为研究对象,通过对膜杂混合物基本物理参数试验分析,获取混合物中各组分混合比例及几何参数分布特征,明确利用破碎装置对机收膜杂混合物进行破碎处理,制备适于高效分离的膜杂分离物料。对处理后的膜杂混合物进行测定分析,得到残膜面积分布、棉秆长度分布、土壤颗粒粒径分布等基本物理参数;同时对残膜、棉秆、土壤颗粒悬浮特性分析,明确其悬浮速度范围,为膜杂分离装置设计、仿真试验奠定基础参数。

2.1 机收膜杂混合物取样分析

对新疆生产建设兵团农八师 149 团、147 团、134 团等地的残膜回收利用情况进行了实地调研,着重了解目前残膜机械化回收、回收后应用处理、资源化利用等技术现状。调研发现,回收后的残膜含有大量的棉秆、土壤颗粒等杂质,且缠绕、打结严重,难以清选回收再利用;由于缺乏有效的分离装备,回收后的膜杂混合物只能堆放在田间地头、掩埋或集中堆放在指定位置。膜杂混合物中主成分占比、物理形态对分离方式和方法至关重要,因此需要对物料进行取样与分析。试验用材料取样地点在 134 团场棉田,覆膜厚度为 0.008 mm。2018 年 10 月下旬,采用 1LMLG-7 型立杆搂膜机回收的膜杂混合物,参照国家标准《农业机械 试验条件测定方法的一般规定》(GB/T 5262—2008)的五点法(农业部农业机械试验鉴定总站,2008)对堆放的机收膜杂混合物进行取样,样本数量为 40 个,做好标记带回实验室。

利用电子秤(2 台,分别为:上海东南衡器有限公司生产,精度 1 g,量程 0~30 kg;宁波市纪铭称重设备有限公司生产,精度 0.001 g,量程

0～600 g)、得力米尺（精度 1 mm）、沪工卡尺（精度 0.02 mm）等仪器，在石河子大学现代农业工程重点实验室对取回的残膜混合物样本进行分拣。通过人工分拣后得出，机收残膜混合物中包含残膜、棉秆、土壤颗粒等，其中少量的砂石因与土壤粒径相近归至土壤颗粒物料；由于机收膜杂物中棉壳棉叶含量较少，因此本试验主要以膜杂混合物（图 2-1a）中主要成分即片状残膜（图 2-1b）、粗细棉秆（图 2-1c）、土壤颗粒（图 2-1d）为研究对象开展后续研究。

图 2-1　机收残膜中各组分及其形态

人工对机收膜杂混合物进行分拣，将每组样本中的残膜（未清洗）、棉秆、土壤颗粒进行称重统计。其中，尽量收集残膜表面粘连的土壤，且细小杂质均计算到土壤颗粒里面。样本中残膜、棉秆、土壤颗粒的占比利用公式（2-1）计算：

$$\begin{cases} Y_C = \dfrac{M_C}{M_Z} \times 100\% \\[2mm] Y_G = \dfrac{M_G}{M_Z} \times 100\% \\[2mm] Y_T = \dfrac{M_T}{M_Z} \times 100\% \end{cases} \qquad (2-1)$$

式中　Y_C——样本中残膜占比（%）；

Y_G——样本中棉秆占比（%）；

Y_T——样本中土壤颗粒占比（%）；

M_C——样本中残膜的质量（g）；

M_G——样本中棉秆的质量（g）；

M_T——样本中土壤颗粒的质量（g）；

M_Z——样本的总质量（g）。

通过试验对取样样本进行统计及分析得出：

（1）样本混合物中残膜质量占比为 21.1%～38.9%，残膜形状极度不规则，多为长条状，对样本中残膜面积进行测量统计，测得单片面积为 4～1 600 cm² 不等。

（2）样本混合物中棉秆质量占比为 34.8%～51.1%，形状主要为秆状，对样本中棉秆长度进行测量，测得长度范围为 1～25 cm，茎秆直径范围为 1～12 mm。

（3）样本混合物中土壤颗粒等质量占比为 14.8%～34.9%，形状主要为颗粒或块状，对样本中土壤颗粒最大粒径进行测量统计，粒径范围为 3～22 mm，其中，对于小于 3 mm 以下的土壤颗粒，只称重，不统计大小。

明确机收膜杂混合物中各组分质量比例是仿真模型中生成质量的基础参数，因此为定量分离残膜混合物中残膜、棉秆和土壤颗粒，将样本中的残膜、棉秆、土壤颗粒按质量百分比计算各组分比例，对其结果取算术平均值（表 2-1）。

表 2-1 机收残膜混合物组分含量

物料组分	占比/%
残膜	33.2
棉秆	39.3
土壤颗粒	27.5

基于取样分析，机械化回收后的膜杂混合物料打结严重，即残膜柔韧性、延展性较好，且带状或片状的残膜极易与秆状的木质棉秆等杂物紧密缠绕，同时将土壤颗粒等包裹起来，形成复杂的打结状态（图 2-2）。

由机收膜杂混合物中各组分物料相互间的物理力学特征决定，在进行混

图 2 - 2　膜杂混合物打结特征

合物分离前需要对其进行破碎处理，消除混合物中的打结状态。因此，需要利用破碎装置对机收膜杂混合物进行预处理，制备用于膜杂分离装置的膜杂分离物料。

2.2　膜杂分离物料的预处理

机收膜杂混合物中既含有柔韧性高、延展性好的片状残膜，也包含硬度高、韧性低的木质棉秆和无韧性且具有一定硬度的土块，物料的机械剪切特性相差较大，组织力学特性较为复杂且难以精确量化，因此破碎装置需要兼顾柔性撕扯与硬质剪切等功能。由于破碎处理效果对后续筛分影响较大，为此，前期设计了机收膜杂混合物破碎装置，制备适于分离的混合物料。

2.2.1　破碎装置结构与工作原理

2.2.1.1　整机结构

破碎装置主要由破碎刀辊、定刀、横梁、动刀底座、动刀、机架、护罩、螺旋叶片、喂料口、喂料系统、三相异步电动机、变频器等组成（图 2-3）。其中，定刀通过螺栓固定在横梁上，构成定刀装置；动刀底座呈螺旋线形式焊接在破碎刀辊上，动刀通过螺栓固定在刀座上，构成动刀装置；定刀装置与高速转动的动刀装置配合完成机收膜杂的破碎功能。

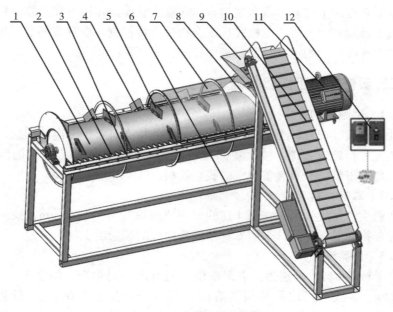

图 2-3　破碎装置结构

1. 破碎刀辊　2. 定刀　3. 横梁　4. 动刀底座　5. 动刀　6. 机架　7. 护罩
8. 螺旋叶片　9. 喂料口　10. 喂料系统　11. 三相异步电动机　12. 变频器

整机主要技术参数如表 2-2 所示。

表 2-2　破碎装置主要参数

参数	数值
配套动力/kW	4.0
整机尺寸（长×宽×高）/mm³	2 000×1 500×1 300
破碎刀辊转速/（r/min）	0～1 440
喂入量/（kg/h）	0～200
传送带转速/（r/min）	0～120
整机质量/kg	170

2.2.1.2　工作原理

工作时，接通电源，利用变频器设置三相异步电动机转速，待转速稳定后，利用喂料系统将机收膜杂混合物经喂料口喂入，混合物在动刀装置和定刀装置联合作用下被破碎成散装物料，在螺旋状动刀作用下经左侧出料口排出。其中调速器调节传送电机完成混合物喂入量控制，变频器调节三相异步电动机实现破碎刀辊速度控制，进而控制破碎效果。

2.2.2 破碎装置工作参数确定

2.2.2.1 试验目的

针对残膜、棉秆、土壤颗粒等相互打结的特点且难以分离的问题，利用破碎装置进行破碎处理，将大块团聚状混合物破碎成短小、均匀的散状物料，制备适于膜杂分离装备要求的膜杂物料。

2.2.2.2 试验材料

新疆生产建设兵团 134 团 4 连的棉田覆膜厚度为 0.008 mm，采用机收膜杂混合物的取样样品（采用立杆搂膜机回收的膜杂混合物）。

2.2.2.3 仪器设备

电子秤（2 台，分别为：上海东南衡器有限公司生产，精度 1 g，量程 0～30 kg；宁波市纪铭称重设备有限公司生产，精度 0.001 g，量程 0～600 g）、机收残膜混合物破碎装置、得力米尺（精度 1 mm）、沪工卡尺（精度 0.02 mm）。

2.2.2.4 评价指标

结合前期膜杂混合物分离试验研究，并参考膜杂分离文献（康建明 等，2020；彭强吉 等，2020），综合分析得出，在混合物料中的棉秆长度范围为 0～50 mm、残膜面积小于 170 cm^2 时，残膜和杂质易于分离，通过调节破碎装置工作参数实现物料尺寸控制。其中，土壤颗粒易于破碎，故不作为试验评价指标。

以残膜面积和棉秆长度合格率作为评价指标，评价指标计算公式为

$$P_1 = \frac{C_L}{C_Z} \times 100\% \qquad (2-2)$$

式中　　P_1——膜片面积合格率（%）；

　　　　C_L——合格膜片质量（g）；

　　　　C_Z——膜片总质量（g）。

$$P_2 = \frac{G_L}{G_Z} \times 100\% \qquad (2-3)$$

式中　　P_2——棉秆尺寸合格率（%）；

G_L——合格尺寸棉秆质量（g）；

G_Z——棉秆总质量（g）。

2.2.2.5 试验结果与分析

通过分析破碎装置结构和机理并结合前期试验研究发现，影响破碎效果的主要因素为动刀排布长度、喂入量、破碎刀辊转速。

试验依照国家标准《农业机械 试验条件测定方法的一般规定》（GB/T 5262—2008）进行破碎过程研究。残膜混合物破碎试验在山东济南历城区桑园路56号山东省农业机械科学研究院试制工厂进行，作业性能试验如图2-4所示。

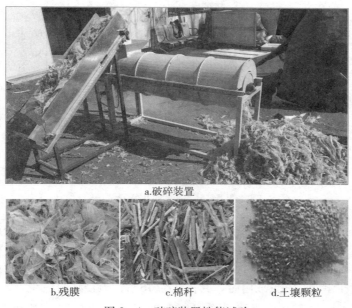

a.破碎装置

b.残膜　　　　c.棉秆　　　　d.土壤颗粒

图2-4 破碎装置性能试验

从膜杂混合物中随机选取一定数量的物料，在完成称重后，以上述影响因素为变量开展单因素试验，并在此基础上开展多因素正交试验。通过试验数据的极差与方差分析，确定试验因素的影响顺序，并对因素进行优化组合分析。依据残膜破碎合格率、棉秆破碎合格率较高的原则确定最优组合为破碎辊动刀排列长度1 050 mm、破碎刀辊转速1 050 r/min、物料喂入量150 kg/h，此时棉秆的破碎合格率平均值为87.1%，残膜破碎合格率平均值为 93.93%，满足膜杂分离作业对物料的要求。

2.2.2.6 物料尺寸特征统计

运用统计分组法对破碎处理后的膜杂混合物中的残膜、棉秆和土壤颗粒几何尺寸进行统计，将数值统计保存，利用绘图软件 Origin 进行分析。处理后片状残膜面积为 1～170 cm² 不等，随机选取 50 片残膜进行面积测量统计，如图 2-5 所示。

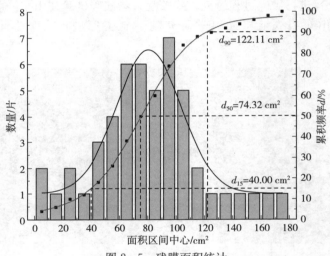

图 2-5 残膜面积统计

对膜片的面积进行频数统计和累积频率分析，对其面积分布区间进行拟合，通过拟合曲线发现分布区间服从高斯分布（周磊 等，2021），破碎处理后残膜面积主要集中在 40～120 cm²。对其频数进行曲线累积拟合，发现当残膜面积在 40.00 cm² 以内时，其占比为 15%；当残膜面积在 74.32 cm² 以内时，其占比为 50%；当残膜面积在 122.11 cm² 以内时，占比达到 90%。因此，面积区间在 40～122 cm² 内的残膜数占比 75%，后期选取残膜进行悬浮速度测定时，从此面积区间选取具有代表性。

处理后的棉秆长度为 6～50 mm 不等，随机选取 50 根棉秆进行长度统计（图 2-6）。对棉秆的长度进行频数统计和累积频率分析，对其长度分布区间进行拟合，通过拟合曲线发现分布区间服从高斯分布，棉秆长度主要集中在 25～50 mm。对其频数进行曲线累积拟合，发现当棉秆长度在 25 mm 以内时，其占比为 18.8%；当棉秆长度在 33.89 mm 以内时，其占比为

50%；当棉秆长度在 49.5 mm 以内时，占比达到 97.48%。长度区间在 25~49.5 mm 内的棉秆数占比 78.68%，后期选取棉秆进行悬浮速度测定时，从此长度区间选取的棉秆具有代表性。

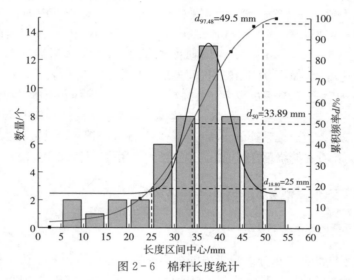

图 2-6 棉秆长度统计

处理后的土壤颗粒粒径为 3~12 mm 不等，随机选取 50 个土壤颗粒，测量其最大粒径（图 2-7），其中粒径小于 3 mm 的不做统计。

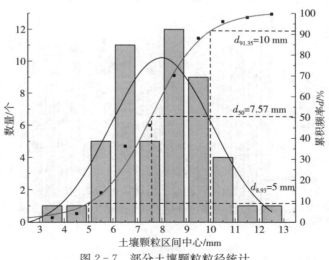

图 2-7 部分土壤颗粒粒径统计

对土壤颗粒粒径进行频数统计和累积频率分析，对其粒径分布区间进行拟合，通过拟合曲线发现分布区间服从高斯分布，土壤颗粒粒径主要集中在5～10 mm。对其频数进行曲线累积拟合，发现当土壤颗粒粒径在5 mm以内时，其占比为8.93%；当土壤颗粒粒径在7.57 mm以内时，其占比为50%；当土壤颗粒粒径在10 mm以内时，占比达到91.35%。因此，土壤颗粒粒径在5～10 mm内时，土壤颗粒数占比82.42%，后期选取土壤颗粒进行悬浮速度测定时，从此粒径区间选取土壤颗粒具有代表性。

综合分析可知破碎后的膜杂混合物料中，残膜、棉秆和土壤颗粒三者之间相互作用关系较弱，残膜呈小片状，土壤颗粒呈细小颗粒状，棉秆呈较短秆状，其中片状残膜上面已无粘连的土壤颗粒，但是残膜与棉秆、土壤颗粒之间存在粘连状态，不存在缠绕、打结现象，通过外力作用可以打散粘连状态。

2.3　膜杂混合物的悬浮特性分析

2.3.1　残膜密度的测定

为对膜杂混合物在分离装置内的分离研究，需开展机收残膜密度测定与分析。将采集的棉田残膜碎片自然晾晒后，人工揉搓并修整成规则的长方形，然后对其表面积进行测量。其中用得力米尺测量残膜长和宽，用纪铭电子秤测量其重量（精度0.001 g），不同样本残膜密度分布情况如图2-8所示。

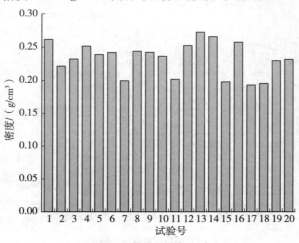

图2-8　残膜试样密度分布

由图 2 - 8 可知，残膜密度测量值围绕平均值 0.213 g/cm³ 上下波动，波动最大差值为 0.079 4 g/cm³，标准差为 0.36 g/cm³，线性趋势线波动平缓，表明样本离散程度较小。造成残膜密度变化的主要原因有：①残膜自身加工工艺技术水平；②残膜表面有无泥垢和水分。

2.3.2　物料悬浮速度分析

2.3.2.1　物料悬浮速度特性分析

残膜、土壤、棉秆等 3 种物料相互粘连，形态各异，与传统筛分对象的空气动力学特性相比存在极大差异。物料悬浮速度是研究物料筛分技术及装备的重要基础数据，也是关键部件设计与工作参数选取的重要参考依据，悬浮速度的测定主要有图解法、CRe² 法、仿真法、试验法、粒径法等（王泽南 等，2002；塔娜 等，2009；温翔宇 等，2020），本书利用试验法测定物料悬浮速度。

悬浮速度测定原理是物料在受到自身重力和竖直向上气流阻力的作用，物料的动态变化可用运动微分方程表示：

$$m \frac{\mathrm{d}v}{\mathrm{d}t} = P_Z - G \qquad (2-4)$$

式中　m——物料的质量（g）；

$\quad\quad G$——物料所受的重力（N）；

$\quad\quad P_Z$——气流对物料的阻力（N）。

$$P_Z = K\rho S V_q^2 \qquad (2-5)$$

由式（2 - 5）得

$$V_q = \sqrt{\frac{P_Z}{K\rho S}} \qquad (2-6)$$

式中　K——阻力系数，与物料的形状、表面特性和雷诺数有关；

$\quad\quad \rho$——空气密度（kg/m³）；

$\quad\quad S$——物料在垂直于气流方向上的最大截面积（cm²）；

$\quad\quad V_q$——气流速度（m/s）。

当 $P_Z = G$ 时，加速度 $\mathrm{d}v/\mathrm{d}t = 0$，物料在气流中处于相对稳定的悬浮状态。此时，气流的速度称作该物料的悬浮速度（盛江源 等，1980）。通过前期对膜杂混合物破碎物料分析可知，残膜与棉秆、土壤颗粒密度和迎风截面积差异较大，通过悬浮速度试验的测定明确混合物料中各物料悬浮速度范围。

2.3.2.2　悬浮速度测定装置与测定方法

（1）悬浮速度测定装置组成。进行物料悬浮速度测定的试验装置主要由电动门、轴流风机、上稳流器、上机架、透明锥管、透明直管、风速传感器、下稳流器、压力传感器、下直管、集流器、下机架、配电控制柜等部件组成，具体结构如图 2-9 所示。

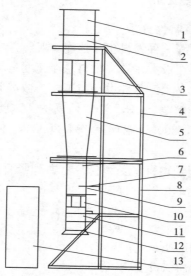

图 2-9　农业物料悬浮试验装置

1. 电动风门　2. 轴流风机　3. 上稳流器　4. 上机架　5. 透明锥管　6. 透明直管　7. 风速传感器
8. 下机架　9. 下稳流器　10. 压力传感器　11. 下直管　12. 集流器　13. 配电控制柜

（2）膜杂混合物悬浮速度测定方法。进行悬浮速度试验时，将提前准备的各物料分别标记，将待测定的物料放置于测定装置下部稳流管内的盛料网上，然后通过调节变频器以控制风机转速；对物料中各组分的悬浮速度重复测定三次，最终计算平均值。通过式（2-7）计算得出膜杂混合物料各组分的悬浮速度（吴明聪 等，2014；叶方平 等，2017）。

$$v_{xf} = v \times \left(\frac{190}{190 + 2h \tan \alpha_t} \right)^2 \qquad (2-7)$$

式中　v_{xf} ——悬浮速度（m/s）；

　　　　v ——风速（m/s）；

　　　　h ——悬浮高度（mm）；

α_t——试验台观察管倾角，通常为 3.5°。

在分离装置中，物料的清选分离是典型的气固两相流场中残膜、土壤颗粒、棉秆的运动分离过程，其中各物料的悬浮速度是两相流中一个重要的原始计算参数，因此利用现有仪器装备分别对残膜、土壤颗粒及棉秆的悬浮速度进行测定。

悬浮试验测定材料选取经破碎装置处理后待分离的膜杂混合物，主要对混合物料中的片状残膜、棉秆、土壤颗粒等 3 种组分进行相应的悬浮速度测定。随机抓取膜杂混合物散状物料，对其进行分类、称重、装袋并标号。

2.3.3 悬浮速度测定与结果分析

2.3.3.1 残膜悬浮速度测定

影响残膜悬浮速度的因素有残膜质量和面积，由于片状残膜的质量很小，故不对破碎处理后的残膜质量进行比较。由于残膜碎片大小形状各不相同，试验按照面积从小到大的碎片编号顺序，分别进行悬浮速度测定，测定残膜碎片的实际面积；为保证残膜悬浮速度与实际作业相近，残膜未进行清洗，膜面与亚克力透明玻璃之间存在表面张力和静电力作用，测量时忽略该类外力作用。在测量锥形管上标记悬浮速度取值位置，保证悬浮速度取值时位置相同，测量记录试验数据采用重复 3 次记录数据的平均值方法，试验效果如图 2-10 所示。

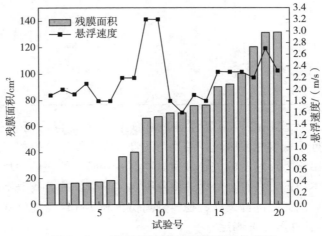

图 2-10 残膜悬浮速度与面积相关性分析

由图 2-10 分析可知,片状残膜面积逐渐增加,呈线性增长关系;对应残膜悬浮速度起伏变化,残膜悬浮速度为 1.8~3.2 m/s,平均值在 2.2 m/s 上下波动,标准差为 0.44,波动范围较小。通过悬浮速度线性趋势和残膜面积线性趋势对比发现,随着残膜面积的增加,悬浮速度略有增加,但增加幅度不显著。对残膜面积和悬浮速度两组数据进行相关性分析(吕绪良 等,2011),相关系数方程为

$$r(X, Y) = \frac{\mathrm{Cov}(X, Y)}{\sqrt{\mathrm{Var}[X]\mathrm{Var}[Y]}} \qquad (2-8)$$

式中　$\mathrm{Cov}(X, Y)$——X 与 Y 的协方差;

　　　　$\mathrm{Var}[X]$——X 的方差;

　　　　$\mathrm{Var}[Y]$——Y 的方差。

由相关系数数学公式可知,相关系数 r 是个无量纲值,其取值范围为 $[-1, 1]$。$|r|=1$ 时,变量之间为完全线性相关;$-1 \leqslant r < 0$ 时,表示变量间存在负相关关系;$0 < r \leqslant 1$ 时,表示变量间存在正相关关系;$r = 0$ 时,表示变量间不存在相关性(王立军 等,2015)。相关性意义如表 2-3 所示。

表 2-3　相关系数值域意义

$|r|$ 的取值范围	$|r|$ 的意义
0.00~<0.20	极低相关
0.20~<0.40	低度相关
0.40~<0.70	中度相关
0.70~<0.90	高度相关
0.90~1.00	极高相关

通过对片状残膜面积与悬浮速度相关性计算,得出两者相关系数为 0.35,数值处于低度相关区域,结果与图 2-10 中线性分析相一致,表明残膜面积不是影响悬浮速度的关键因素。同时,经破碎处理后的片状残膜悬浮速度范围基本稳定,在符合悬浮速度范围内实现较好的分离效果,试验测量结果可以为后期关键部件设计、物料分离仿真和实际试验提供基础参考。

2.3.3.2　棉秆悬浮速度测定

膜杂混合物中棉秆的长短不一致,准备试验材料时从混合物中挑选不同

长度的棉秆，并进行称重。此外，由于棉秆含水率具体表征为棉秆质量大小，故不考虑含水率对悬浮速度的影响。通过悬浮试验台对悬浮速度进行测定，忽略棉秆与亚克力玻璃内壁的摩擦作用力，记录测量结果并进行分析（图2-11）。

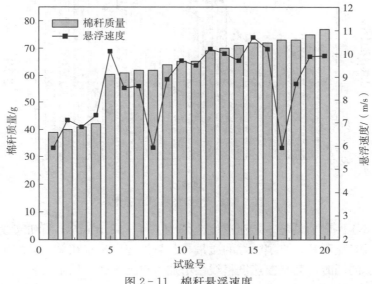

图2-11　棉秆悬浮速度

由图2-11可知，棉秆质量逐渐增加，对应的悬浮速度整体呈线性增加，悬浮速度范围为5.9～10.2 m/s，标准差值为1.57。通过图示数据对比，可知棉秆质量与悬浮速度的数值关系，随着棉秆质量的增加，其悬浮速度也逐渐增大。对棉秆质量与其悬浮速度进行相关性计算，得出两者相关系数为0.63，数值处于中度相关区域，其靠近高度相关值一侧。综合分析表明，棉秆质量是影响其悬浮速度大小的关键因素，本部分测量结果可以为后期关键部件设计、物料分离仿真和实际试验提供基础参考。

2.3.3.3　土壤颗粒悬浮速度测定

土壤含水率具体表征为土壤颗粒质量大小，故不考虑含水率对悬浮速度的影响。膜杂混合物破碎处理后，土壤颗粒大小不一，随机选取土壤颗粒进行分别称重，进行悬浮速度测定试验。试验中忽略土壤颗粒与亚克力玻璃内壁的摩擦力，对测量试验数据进行统计，结果如图2-12所示。

由图2-12可知，随着土壤颗粒质量逐渐增加，悬浮速度虽存在波动，

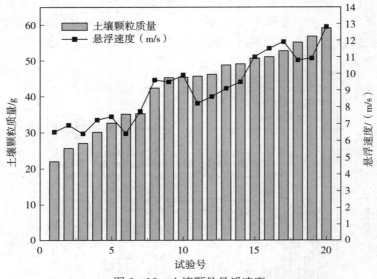

图 2 - 12　土壤颗粒悬浮速度

但整体呈线性增加趋势，悬浮速度范围为 6.4～12.8 m/s，标准差为 1.84。通过图示对比可知，土壤颗粒的质量与其悬浮速度呈正相关，随着土壤颗粒质量增加的同时，其悬浮速度呈线性增加。对土壤颗粒质量与其悬浮速度进行相关性计算，可得两者相关系数为 0.91，线性关系显著。综合分析表明，土壤颗粒质量是影响其悬浮速度大小的关键因素，本部分测量结果可以为后期关键部件设计、物料分离仿真和实际试验提供基础参考。

2.3.3.4　膜杂物料各组分悬浮速度分析

通过试验测定获取了混合物料中残膜、棉秆、土壤颗粒等组分悬浮速度，并分析影响悬浮速度的关键因素，为直观地对试验结果进行显示与分析，将三者悬浮速度制作成折线图（图 2 - 13）。

由图 2 - 13 可知，残膜、棉秆、土壤颗粒等悬浮速度呈现起伏变化，其中棉秆与土壤颗粒的悬浮速度相近，且二者悬浮速度存在一定范围的交叉；由悬浮速度分布图可得，片状残膜的悬浮速度波动范围，均明显低于棉秆和土壤颗粒悬浮速度的最小值。残膜悬浮速度范围为 1.8～3.2 m/s，棉秆悬浮速度为 5.9～10.2 m/s，土壤颗粒等总体悬浮速度为 6.4～12.8 m/s。残膜悬浮速度相比棉秆和土壤颗粒存在较大差异，在同一气流场中，棉秆和土壤颗粒悬浮速度大于残膜悬浮速度。通过构建气流场，使流场中气流速度低

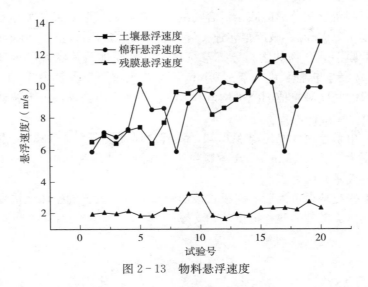

图 2 - 13　物料悬浮速度

于棉秆和土壤颗粒的最小悬浮速度，可实现片状残膜与棉秆、土壤颗粒的有效分离。

2.4　本章小结

　　本章主要对机收残膜资源化利用情况进行了分析，通过取样、分拣与统计，确定了混合物基本物理参数；通过自制的混合物破碎装置制备了用于分离的膜杂混合物的物料，并对处理后的物料基本物理参数进行了测定，同时明确了残膜、棉秆、土壤颗粒的悬浮速度范围。主要结论如下：

　　（1）由机收残膜混合物分拣与统计试验结果得到：混合物中残膜质量占比为 21.1%～38.9%，残膜形状极度不规则，多为长条状，单片面积为 4～1 600 cm² 不等；棉秆质量占比为 34.8%～51.1%，形状主要为秆状，长度为 1～25 cm，茎秆粗细直径范围为 1～12 mm；土壤颗粒等质量占比为 14.8%～34.9%，形状主要为颗粒或块状，粒径范围为 3～22 mm，其中，对于小于 3 mm 以下的土壤颗粒，只称重，不统计大小。统计样本中的残膜、棉秆、土壤颗粒质量百分比并计算各组分比例，对其结果取算术平均值，得出残膜、棉秆、土壤颗粒在样本中的平均百分比分别为 33.2%、39.3%、27.5%。

（2）制备适于分离的膜杂混合物的物料时，破碎装置最佳工作参数为破碎辊长度 1 050 mm、破碎辊转速 1 050 r/min、物料喂入量 150 kg/h。通过对制备的膜杂混合物的物料分拣与统计得到，处理后片状残膜面积为 1～170 cm² 不等，棉秆长度为 6～50 mm 不等，土壤颗粒粒径为 3～12 mm 不等。残膜的密度测量值围绕平均值 0.213 g/cm³ 上下波动，上下波动最大差值为 0.079 4 g/cm³。

（3）由悬浮速度测定试验可知，残膜悬浮速度为 1.8～3.2 m/s，棉秆悬浮速度为 5.9～0.2 m/s，土壤颗粒等总体悬浮速度为 6.4～12.8 m/s，三者物料特性差异明显。

以上研究结果可为后续气吸式梭形筛膜杂分离装置的整体结构和工作参数分析及仿真模型的建立提供基础支撑。

第3章

气吸式梭形筛膜杂分离装置的设计

气吸式梭形筛膜杂分离装置的结构和工作参数直接影响膜杂混合物分离作业性能。为满足膜杂混合物分离要求，分析膜杂混合物的物料分离条件，明确膜杂混合物分离工艺流程，研究中提出一种气吸运移与梭形筛分相结合的方法，创制一种适于膜杂混合物分离的气吸式梭形筛膜杂混合物分离装置，确定分离装置的关键结构和工作参数，构建膜杂分离模型，为膜杂动力学特性分析及分离特性研究奠定基础。

3.1 气吸式梭形筛膜杂分离装置总体方案

3.1.1 膜杂混合物分离要求

经过破碎处理后的膜杂混合物中，除包含残膜、棉秆、土壤颗粒等散状物料外，还包含三者粘连的"团聚物"，即残膜与棉秆、土壤颗粒之间相互粘连或者缠绕所形成的混合物。膜杂分离过程中处于散料状态的混合物通过传统的方法可以实现分离，但是混合物中的团聚物分离困难。通过前期物理试验，发现混合物中的团聚物可通过圆筒搅拌或者滚筒翻滚实现解聚，变成残膜、棉秆、土壤颗粒的散状物料。

当前机械化回收的残膜混合物再生利用技术标准尚未发布，参考国家标准《废塑料再生利用技术规范》（GB/T 37821—2019），关于采用密度分选、旋风分选、摇床分选等技术进行分选，目标塑料分选率需要大于等于90%。基于此标准，在进行膜杂混合物分离时，分离后的残膜中含棉秆或土壤颗粒等杂质质量的占比（简称膜中含杂率）应该小于10%，分离出的杂质中含残膜质量的占比（漏膜率）越低说明分离效果越好，因此在进行膜杂混合物分离时以此作为参考依据。

3.1.2 膜杂混合物分离工艺流程

基于第 1 章 1.2 节关于国内外研究现状分析，对于土壤颗粒状采用振动可实现有效分离；对于膜与秆的分离，采用气力与圆筒筛进行分离，相关研究得出了一些有益效果。但是膜杂分离过程中易出现局部堆积、作业过程不稳定、气流吸力不集中、筛孔堵塞等问题（石鑫，2016），导致膜杂混合物分离不彻底。结合第 2 章中关于膜杂混合物的物料特性分析，膜杂混合物中既存在残膜、棉秆、土壤颗粒等散状物料，也存在相互粘连或者包裹的团聚物，其特殊物料特性是影响分离效果的关键。

残膜与土壤、棉秆的筛分属于农业物料的清选范畴，但与传统农业物料（水稻、玉米）的清选又不尽相同，传统农业物料通常采用筛分、风选或者两者结合的方式分离杂余，获取干净的籽粒（王庆祝 等，2002；熊平原 等，2019；王立军 等，2015）；借鉴农业物料分离方法，分析可知残膜属于轻物料，土壤颗粒与棉秆属于偏重物料，采用气吸和筛分相结合的方法可实现膜杂分离。其中，对于混合物中的处于粘连状态的团聚物，可采用筛筒抛送或搅拌等方式将其打散解聚，解聚过程如图 3-1 所示。团聚物在筛体内部运移过程中，由于土壤颗粒、棉秆、残膜等物料特性差异，在重力、离心翻转力及风力作用下，团聚物内部的团聚力逐渐被破坏，形成便于分离的散状物料。

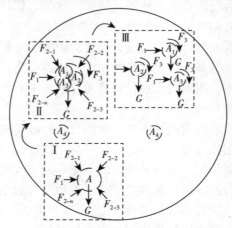

图 3-1 团聚物分离过程分析

A. 团聚物 A_1. 残膜 A_2. 棉秆等 A_3. 土壤颗粒 A_4. 散状物料 F_1. 风力

F_2. 团聚力 F_3. 离心翻转力（复合力，包括离心力 F_{3-1} 和螺旋推力 F_{3-2}）

图 3 - 2 为膜杂分离过程工艺流程。

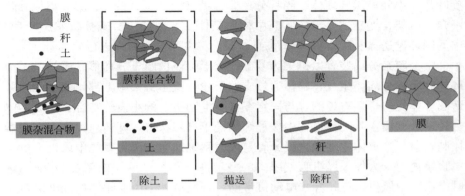

图 3 - 2　膜杂分离过程工艺流程

综合以上分析，研究中提出一种气吸运移与梭形筛分相结合的方法，以此实现膜杂混合物有效分离。膜杂混合物分离工艺流程主要分为 3 个过程：第一阶段主要分离土壤颗粒和少量的细小棉秆，即膜土分离过程；第二阶段主要将膜、秆及少量的土壤颗粒向后抛送，即抛送过程；第三阶段主要分离棉秆和少量的土壤颗粒，即膜秆分离过程。

3.2　梭形筛膜杂分离装置整机结构与工作原理

3.2.1　梭形筛膜杂分离装置整机结构

气吸式梭形筛膜杂分离装置整机结构如图 3 - 3 所示。

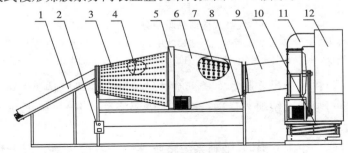

图 3 - 3　膜杂分离装置结构

1. 喂料系统　2. 变频器　3. 膜土分离体　4. 螺旋叶片　5. 中间抛送圆环体　6. 外罩
7. 膜秆分离体　8. 机架　9. 吸风管　10. 升降平台　11. 风力系统　12. 集膜箱

气吸式梭形筛膜杂分离装置主要由喂料系统、变频器、膜土分离体、螺旋叶片、中间抛送圆环体、膜秆分离体、吸风管、风力系统、集膜箱、升降平台、机架、变频器等组成。其中梭形筛体主要由膜土分离体、螺旋叶片、中间圆环抛送体、膜土分离体组成。

整个膜杂分离装置以机架为基础，梭形筛体由膜土分离体、中间抛送圆环体和膜秆分离体组成，筛体通过支撑滚轮放置于机架中上部，筛体中间抛送圆环体位置焊接有齿圈，与固定在异步电动机上的小齿轮啮合，完成筛体自转动力的输入，工作过程中梭形筛体处于自转状态，其转速大小由变频器控制；膜秆分离体尾端通过吸风管与风力系统连通，风力系统中风机出口与集膜箱连通，为保证风机吸气阻力的稳定性，膜秆分离体外部安装有外罩；风力系统中风机由三相异步电动机带动，其风量大小由变频器控制电机转速实现，同时风力系统与集膜箱共同安装在升降平台上，通过升降平台高低控制来实现吸风管角度调节；喂料系统通过调节电机转速实现喂入量控制。

3.2.2　梭形筛膜杂分离装置工作原理

气吸式梭形筛膜杂分离装置工作原理如图3-4所示。

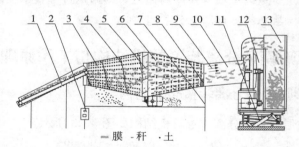

图3-4　气吸式梭形筛膜杂分离装置工作原理

1. 喂料系统　2. 变频器　3. 筛体　4. 螺旋叶片　5. 抛送板　6. 膜秆分离体　7. 机架　8. 挡板　9. 负压气流　10. 吸风管　11. 升降平台　12. 风力系统　13. 集膜箱

工作时，首先通过变频器对梭形筛体转速和离心风机转速进行调节，利用调速按钮对喂料系统喂入量进行调节，主要经过以下3个阶段实现膜杂混合物分离：

第一阶段（膜土分离）：喂料系统将膜杂混合物喂入后，混合物快速落入膜土分离体，在锥形筛体自转与螺旋叶片联合作用下不断被抛起、搅拌打散，并向膜土分离体后端运移，在此过程中土壤颗粒和细小棉秆等杂质通过筛孔被甩出，剩余残膜、棉秆及少量土壤颗粒向中间运移。

　　第二阶段（抛送）：残膜、棉秆及少量土壤颗粒运移到中间抛送圆环体位置时，在中间抛送板作用力、离心力、重力等共同作用下向后向上抛送，混合物料落入膜秆分离区域。

　　第三阶段（膜秆分离）：混合物料落入膜秆分离体区域（此区域存在负压气流场），残膜、棉秆及少量土壤颗粒在撒落过程中受物料悬浮速度差异及惯性力等因素影响，棉秆与土壤颗粒首先落到膜秆分离体表面，在筛体表面碰撞或滑动作用下通过筛孔甩出，残膜在负压气流作用下经吸风管进入集膜箱。

3.3　关键部件设计

3.3.1　梭形筛体设计

　　膜杂混合物料中残膜与土壤颗粒、棉秆等之间物料特性差异显著，通过气力与圆筒筛分能够有效实现对膜杂混合物的分离。前期试制了等直径圆筒筛进行试验研究，结果表明，由于混合物中残膜质量较轻，与筛面摩擦力极低，在分离过程中出现堆积现象，虽然提高圆筒筛转速能适当缓解堆积问题，但是效果并不显著；同时气吹式分离方法长时间作业会出现筛孔堵塞问题，作业时间越长越显著。

　　针对上述问题，借鉴现有物料筛分与搅拌技术（朱鹏飞，2019；冯忠绪，2014），将筛体结构设计为梭形筛体结构，由膜土分离体、中间抛送圆环体、膜秆分离体等 3 部分组成，如图 3-5 所示。梭形筛体几何参数主要包括筛体倾角、筛体直径、筛体长度等。

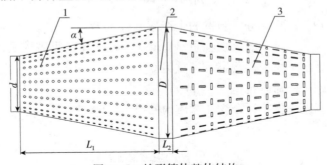

图 3-5　梭形筛体整体结构

1. 膜土分离体　2. 中间抛送圆环体　3. 膜秆分离体

3.3.1.1 筛体倾角的确定

由图 3-5 所示筛体整体结构可知：

$$\alpha = \arctan\left(\frac{D-d}{2L_1}\right) \qquad (3-1)$$

式中　α——筛体倾角（°）；

D——中间抛送圆环体直径（mm）；

d——筛体小口径处直径（mm）；

L_1——筛体单侧长度（mm）。

膜土分离体主要是对膜杂混合物中的土壤颗粒进行筛分，根据整机筛分机理分析，本部分假设混合物中的土壤颗粒全部在膜土分离体内完成分离，因此筛体倾角和筛孔大小成为影响筛分效果的关键因素。

前期通过试验测得土壤颗粒与不锈钢板的静摩擦系数为 0.21～0.4，即摩擦角为 11.9°～23.3°。为便于筛体上面的土壤颗粒能够及时排出，对筛体倾角进行分析，筛体倾角过小则筛分效果差，而当倾角过大时，由于土壤颗粒过筛速度快，筛分时间短，导致筛分效果不佳（彭祥彬，2021；杨晋，2017），综上因素与经验，梭形筛机构倾角取 16°。

3.3.1.2 筛体长度与直径的确定

梭形筛体整体结构由膜土分离体、中间抛送圆环体、膜秆分离体组成，故其组合体积为梭形筛的几何容积。其中，梭形筛的处理效率除受其自身容积影响外，同时还与筛筒的转速、直径和倾角相关，筛筒处理效率与梭形筛体直径的关系如式（3-2），且直径为小口径处直径（李兵，2006）。

$$Q = 0.6\rho_1 n_0 \tan 2\alpha \sqrt{\left(\frac{d}{2}\right)^3 h^3} \qquad (3-2)$$

式中　Q——膜杂分离装置的生产率（kg/h）；

ρ_1——膜杂混合物容重（t/m³），对机收残膜破碎后的膜杂混合物进行测定，容重为 0.2～0.3 t/m³；

n_0——筛体转速（r/min）；

h——膜杂混合物在筛体内的厚度（mm）。

由公式（3-2）得

$$d_2 = \frac{2}{h}\sqrt[3]{\left(\frac{5Q}{3\rho_1 n_0 \tan 2\alpha}\right)^2} \qquad (3-3)$$

文中设计的膜杂分离装置生产率为 180 kg/h，倾角为 16°，筛体转速范

围为 $0\sim55$ r/min，膜杂混合物在筛体内的厚度为 $6\sim10$ cm。通过计算，筛体小口径处直径为 460 mm，圆整后取值 500 mm；由筛筒长度与直径比经验值范围为 $1:3\sim5$，可知其总长度为 2 100 mm，中间抛送圆环体长度 L_2 为 100 mm，筛体单侧长度 L_1 为 1 000 mm。

由公式（3-1）得

$$D = 2L_1 \tan \alpha + d \qquad\qquad (3-4)$$

由公式（3-4）计算可得 D 值为 1 060 mm，为便于加工取值为 1 000 mm，即中间抛送圆环体直径为 1 000 mm。

3.3.2　膜土分离体设计

膜土分离体主要由锥形筛筒和螺旋叶片组成，如图 3-6 所示，其主要作用是通过锥形筛筒转动带动内部的螺旋叶片旋转，将物料向后运移，同时搅拌打散处于团聚物状态的物料，分离出大部分土壤颗粒及少量细小棉秆。

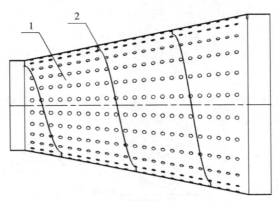

图 3-6　膜土分离体剖视图

1. 锥形筛筒　2. 螺旋叶片

3.3.2.1　螺旋叶片设计

螺旋叶片是膜杂分离装置的关键部件，安装在膜土分离体内部，其主要有两个作用：一是工作过程中将膜杂混合物沿梭形筛轴向和切向进行推动，引导混合物产生往复运动；二是对膜杂混合物进行搅拌，在物料运移过程中实现土壤颗粒及短小棉秆的筛分。

螺旋叶片的螺旋曲线有等直径等螺距螺旋、等直径变螺旋等多种形式，其主要结构参数是由螺旋升角决定的，升角的大小影响膜杂混合物在筛体中的运动状态：当升角较小时，主要是切向的滑跌，而搅拌作用小，不利于打破膜杂混合物之间的粘连团聚，实现土壤颗粒的分离；当升角较大时，叶片的搅动作用增强，混合物在筛体内的轴向位移增大，当物料运动到一定程度时，工作性能达到最优，升角过大会导致搅拌作用过大，轴向位移过小，不利于进一步筛分。

针对膜杂混合物中柔性膜与散装土壤颗粒及硬质棉秆的特性，采用等升角对数螺旋曲线设计螺旋叶片（李卫国，2011；裴志军，2006；Yang et al.，2019），选择适宜的螺旋升角，以实现混合物在膜土分离体中土壤颗粒的筛分。延长椎体顶部，以膜土分离体顶点 O 为坐标原点，以梭形筛体中心线为 Z 轴，以顶点处端面 XOY 面建立球面坐标系，如图 3-7 所示。

在筛体上，θ 为任一高度 h 处螺旋线所旋转的角度，β 为对数螺旋曲线的螺旋角，此时在球面坐标系下梭形筛膜土分离体对数螺旋曲线方程为

$$\rho(\theta) = k e^{p_k \theta} \tag{3-5}$$

在此坐标系下，梭形筛体上膜土分离体对数螺旋曲线参数方程可表示为

$$\begin{cases} x = k e^{p_k \theta} \sin \alpha \cos \theta \\ y = k e^{p_k \theta} \sin \alpha \sin \theta \\ z = k e^{p_k \theta} \cos \alpha \end{cases} \tag{3-6}$$

式中 k 和 p_k 为螺旋线系数。k、p_k 和 θ_{max} 均为待求参数（θ_{max} 为筛体上螺旋线的最大转角）。

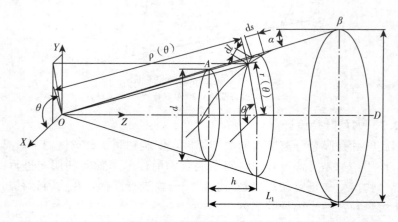

图 3-7　螺旋叶片几何参数

令 s 为梭形筛体对数螺旋线上任一点沿母线方向到膜土分离体小端面处的长度,根据图 3-7 中的几何关系可知:

$$\begin{cases} r(\theta) = \rho(\theta)\sin\alpha \\ \mathrm{d}s = \mathrm{d}l\cot\beta \\ \mathrm{d}l = r(\theta)\mathrm{d}\theta \end{cases} \qquad (3-7)$$

由此可得

$$\mathrm{d}s = \frac{k\sin\alpha\mathrm{e}^{p_k\theta}}{\tan\beta}\mathrm{d}\theta$$

$$s(\theta) = \int_0^\theta \frac{k\sin\alpha\mathrm{e}^{p_k\theta}}{\tan\beta}\mathrm{d}\theta = \frac{k\sin\alpha(\mathrm{e}^{p_k\theta}-1)}{p_k\tan\beta}\mathrm{d}\theta \qquad (3-8)$$

通过边界条件分别确定 k、p_k 和 $\theta_{\max}$。

由图 3-7 中几何关系知:

$$L_{OA} = \frac{d}{2\sin\alpha}$$

由式 (3-5) 可得 $\rho(0) = k$,$L_{OA} = \rho(0)$,则

$$k = \frac{d}{2\sin\alpha} \qquad (3-9)$$

又由几何关系知:

$$L_{AB} = \frac{L}{\cos\alpha}$$

由式 (3-8)、式 (3-9) 得出

$$s(\theta_{\max}) = \frac{d(\mathrm{e}^{p_k\theta_{\max}}-1)}{2p_k\tan\beta}$$

$$L_{AB} = s(\theta_{\max})$$

$$\theta_{\max} = \frac{1}{p_k}\ln\left(\frac{2p_kL\tan\beta}{d\cos\alpha}+1\right) \qquad (3-10)$$

又由几何关系知:

$$L_{OB} = \frac{D}{2\sin\alpha}$$

由式 (3-5)、式 (3-9) 得出

$$\rho(\theta_{\max}) = \frac{d\mathrm{e}^{p_k\theta_{\max}}}{2\sin\alpha}$$

$$L_{OB} = \rho(\theta_{\max})$$

$$\theta_{\max} = \frac{1}{p_k}\ln\left(\frac{D}{d}\right) \qquad (3-11)$$

将式（3－10）、式（3－11）联立得

$$p_k = \frac{\sin\alpha}{\tan\beta} \tag{3-12}$$

将式（3－12）代入式（3－11）得

$$\theta_{max} = \frac{\tan\beta}{\sin\alpha}\ln\left(\frac{D}{d}\right) \tag{3-13}$$

由式（3－9）、式（3－12）、式（3－13）得出确定的参数，将其代入式（3－5）、式（3－6）、式（3－8），可得出对数螺旋曲线极坐标方程：

$$\rho(\theta) = \frac{d\,e^{\frac{\sin\alpha}{\tan\beta}\theta}}{2\sin\alpha} \tag{3-14}$$

对数螺旋曲线方程：

$$\begin{cases} x = \dfrac{d}{2}\cos\theta\,e^{\frac{\sin\alpha}{\tan\beta}\theta} \\[2mm] y = \dfrac{d}{2}\sin\theta\,e^{\frac{\sin\alpha}{\tan\beta}\theta} \\[2mm] z = \dfrac{d\,e^{\frac{\sin\alpha}{\tan\beta}\theta}}{2\tan\alpha} \end{cases} \tag{3-15}$$

筛体对数螺旋线上任一点沿母线方向到筛体小端面处的长度极坐标方程：

$$s(\theta) = \frac{d\,(e^{\frac{\sin\alpha}{\tan\beta}\theta} - 1)}{2\sin\alpha} \tag{3-16}$$

转角 θ 每转一周，螺旋线上任一点沿母线方向上升一周的距离为

$$S(\theta) = s(2\pi+\theta) - s(\theta) = \frac{d\,e^{\frac{\sin\alpha}{\tan\beta}\theta}}{2\sin\alpha}(e^{\frac{\sin\alpha}{\tan\beta}} - 1) \tag{3-17}$$

螺距方程为

$$P = S(\theta)\cos\alpha = \frac{d\,e^{\frac{\sin\alpha}{\tan\beta}\theta}}{2\tan\alpha}(e^{\frac{\sin\alpha}{\tan\beta}} - 1) \tag{3-18}$$

对于式（3－17），令 $\theta = 0$，可得

$$S(0) = \frac{d}{2\sin\alpha}(e^{\frac{2\pi\sin\alpha}{\tan\beta}} - 1)$$

$$\beta = \arctan\alpha\frac{2\pi\sin\alpha}{\ln\left(\frac{2S(0)\sin\alpha}{d}+1\right)} \tag{3-19}$$

式（3－19）中，$S(0)$ 为螺旋线从起点上升一周沿母线的长度。基于

前面筛体倾角、直径等几何参数，利用式（3-19）即可求出膜土分离体螺旋曲线的螺旋升角。其中，首先依据仿真结果确定螺旋曲线的螺距，然后通过螺旋叶片升角公式确定螺旋升角的参数，进而求得螺旋升角。

3.3.2.2 锥形筛筒设计

由于破碎处理后的膜杂混合物中土壤颗粒呈不规则几何体形状，近似于圆形或者椭圆形状态，只有当土壤颗粒小于筛孔直径时，经过多次与筛孔接触，才能通过筛孔，因此选择评价指标为相对粒度 ζ：

$$\zeta = \frac{w_1}{s_1} \tag{3-20}$$

式中　w_1——土壤颗粒横截面投影（mm^2）；

　　　s_1——筛孔面积（mm^2）。

根据相对粒度的大小，可以把物料颗粒分为易透筛、难透筛、堵孔颗粒（王永谊，1995）。其中 $\zeta \leq 3/4$ 时为易透筛颗粒，$3/4 < \zeta \leq 1$ 时为难透筛颗粒，$1 < \zeta \leq 1.1$ 时为堵孔颗粒。

依据膜杂混合物中土壤颗粒的试验测定，土壤颗粒最大截面直径为 12 mm。为获得较高的透筛率，通过计算设置筛孔面积最小直径取值为 16 mm，文中膜土分离体筛孔径值定为 20 mm。

为及时将膜杂混合物中的土壤颗粒和细小的棉秆筛分出来，膜土分离体采用厚度为 4 mm 的不锈钢板卷弯而成，筛体上均布放射状排列筛孔。

3.3.3 中间抛送圆环体设计

中间抛送圆环体前端与膜土分离体连接，后端与膜秆分离体连接，其作用是将膜杂混合物抛送到膜秆分离体区域，主要由圆环板和抛送板组成，如图 3-8 所示。

因膜秆分离体区域存在负压气流场，膜和秆抛送距离越远越利于两者在气流场中分离，因此增加了中间抛送圆环体中抛送板数量。根据强度要求，圆环板采用 4 mm 厚的不锈钢板

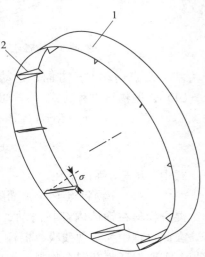

图 3-8　中间抛送圆环体结构
1. 圆环板　2. 抛送板

卷弯而成，宽度为确定值 100 mm；抛送板采用 2 mm 厚的不锈钢板，其与圆环板成角度 σ 焊合，便于物料的抛送，具体抛送角度仿真后确定。

简化筛体成框线，物料简化成颗粒点 P，取筛体任一截面进行分析，以垂直向上为 Y 轴，以截面水平方向为 X 轴，以物料在筛面上的起抛点为坐标轴原点，建立 XOY 坐标系，如图 3-9 所示。物料点 P 在筛体内的运动可以分解成垂直于回转轴线平面内的平面运动和沿回转轴线方向的直线运动。

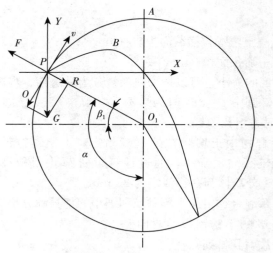

图 3-9　物料点 P 在 XOY 平面运动的轨迹

基于 P 点运动解析方向、运动方程可得出物料圆周运动轨迹方程 [式（3-21）]、抛物线方程 [式（3-22）]：

$$(x - R\cos\beta_1)^2 + (y + \sin\beta_1)^2 = R^2 \qquad (3-21)$$

$$y = x\cot\beta_1 - \frac{x^2}{2R\sin^3\beta_1} \qquad (3-22)$$

式中　R——筛体半径；

　　　β_1——物料点 P 与筛面的脱离角。

混合物料在筛体内存在滑动、翻滚或者多次抛送现象，由于残膜质量轻，在此过程中为实现残膜、棉秆、土壤颗粒的分离与分层，获得最佳筛分效果，需要保证膜杂混合物料在梭形筛内做抛落运动，且在空间内抛落距离最远（唐红侠 等，2007；郭书立 等，2014；钱涌根 等，1999）。物料在运动到中间抛送圆环体的位置时，此时圆周速度最大，当转速达到固定值时混合物料随筛体做匀速圆周运动，此值称为临界转速，参考图3-9得出临界转速为

$$n_L = \frac{30}{\pi}\sqrt{\frac{2g}{D}} \qquad (3-23)$$

式中　　n_L——临界转速（r/min）；

　　　　D——中间抛送圆环体直径（mm）。

当筛体转速值大于或等于临界转速时，混合物将随筛体做离心附壁运动（李博 等，2022），筛体转速为临界转速的0.76倍时，物料在筛体内部抛送距离最远，此时分选效果最好，将直径D代入式（3-23）中，得圆环体最佳转速为32 r/min。

3.3.4　膜秆分离体设计

膜秆分离体的主要功能是实现残膜与棉秆分离，其区域内存在倾斜的气流吸力场，其分离机理是在气流吸力作用下，较重的棉秆在重力作用下落在膜秆分离体筛面上，残膜在抛落过程中受到大于其悬浮速度的气流作用，通过离心风机被传送到集膜箱。

棉秆落到筛面上后存在两种运动形式，一是棉秆在膜秆分离体筛壁上滑动，二是棉秆翻滚或起抛运动后以碰撞的方式与膜秆分离体筛壁接触。如图3-10和图3-11所示，模拟棉秆的运动状态，以中心横切面主视方向分析筛面上棉秆。棉秆滑动状态下透过筛孔的情况如图3-10所示，翻滚或被抛起后以碰撞状态透过筛孔的情况如图3-11所示，其中棉秆长度为L，筛孔的直径为d_1，与重力方向的夹角为θ_1。

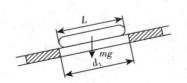 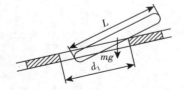

a.直接穿过筛孔（$L < d_1$）　　　　b.倾覆后穿过筛孔（$d_1 < L < 2d_1$）

图3-10　棉秆颗粒以滑动状态透筛截面

当棉秆在筛面上以滑动状态运动时，若$L < d_1$，棉秆长度小于筛孔直

径，在重力作用下直接穿过筛孔，如图 $3-10a$ 所示；若 $d_1<L<2d_1$，棉秆刚好位于筛孔的边缘位置，且棉秆重心位于筛孔内时，受力矩作用而发生倾覆，穿过筛孔，如图 $3-10b$ 所示。当棉秆在筛面上以碰撞状态运动时，若 $L\sin\theta_1<d_1$，棉秆同样可以顺利穿过筛孔，如图 $3-11$ 所示。

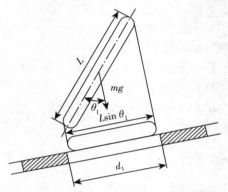

图 $3-11$　棉秆颗粒以碰撞状态透筛截面

混合物料经膜土分离体处理后，土壤颗粒基本分离，文中假设土壤颗粒在膜土分离体内已完成筛分，膜秆分离体主要任务为筛分剩余残膜与棉秆。棉秆呈长直状，基于图 $3-10$ 与图 $3-11$ 分析可知，棉秆长度范围对其在筛面上是否顺利穿过筛孔具有决定性作用，因此筛孔大小是膜秆分离体设计的关键。

膜秆分离体结构展开后如图 $3-12$ 所示。

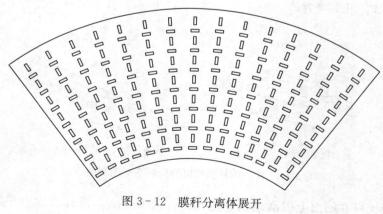

图 $3-12$　膜秆分离体展开

膜秆分离体区域内,配合气流场实现膜秆分离,其中抛起的残膜经吸膜管传送到集膜箱,棉秆落在筛体表面。基于膜杂混合物试验测定,棉秆长度范围为 0～50 mm,直径范围为 0～10 mm,因此膜秆分离体面上的最佳筛孔范围应满足上述几何参数。通过综合分析,文中所述膜秆分离体采用交错式矩形孔结构,呈放射状排布,矩形孔规格为长 56 mm、宽 15 mm,采用厚度为 4 mm 不锈钢板卷弯而成。

3.3.5　风力系统设计

梭形筛体后端膜秆分离体中需要风力系统配合完成膜秆分离,风量是风力系统的重要参数之一,风量的大小决定了单位面积风速的大小。随着风速的增加,残膜与棉秆所受的风力同样增加,筛分效果呈先增后减的趋势。由于风机本身不具备可调风压和风速的能力,在风机参数一定的情况下只能通过改变离心风机转速实现风速调节。采用变频器控制三相异步电动机转速,实现风速调节。风力系统主要由风机出口、风机外罩、风机机架、带轮、三相异步电动机、叶片装置、吸风口等组成,如图 3-13 所示。作业时,三相异步电动机带动叶片装置旋转,叶片装置高速旋转产出负压,气流通过吸风口进入风机系统内部,在叶片装置作用下经风机出口吹出。

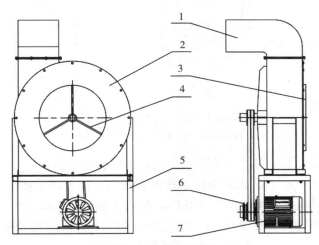

图 3-13　风力系统

1. 风机出口　2. 风机外罩　3. 吸风口　4. 叶片装置　5. 机架　6. 带轮　7. 三相异步电动机

叶片装置是风力系统的关键部件，主要由梯形叶片、转动轴套、圆形挡板组成，如图3-14所示。叶片装置以转动轴套为中心，三片梯形叶片均匀焊接在轴套上，二者与风机圆形挡板焊接在一起。梯形叶片与转动轴套焊接的一端较窄，向外逐渐变宽，以此保证叶片装置在高速转动时的排风效果，并防止残膜缠绕，保证吸风口通畅，进而提高吸膜运移效果。

假定风机工作状态为标准状态，即风机进口空气压力为101.325 kPa，环境温度为20 ℃，空气相对湿度为50%，空气密度为1.25 kg/m³。对风机流量进行设计，风机流量是单位时间通过风机吸风口处的气体容积，计算公式如下：

$$Q_1 = VS_n \qquad (3-24)$$

式中　Q_1——风机流量（m³/s）；

　　　V——近风口风速（m/s）；

　　　S_n——进风管截面积（m²）。

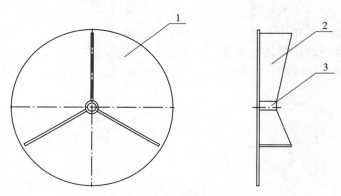

图3-14　叶片装置结构
1. 圆形挡板　2. 梯形叶片　3. 转动轴套

根据进风口最大风速不低于12 m/s，进风管截面积为0.25 m²，可得到风机流量为3.0 m³/s。风机全压是指风机出口截面上的全压与进口截面上的全压之差，风机最大全压为950 Pa，风机主轴转速选取2 800 r/min。根据风机内功率计算公式（3-25）（刘益强，2014）计算电机功率：

$$N_i = \frac{PtF \cdot Q_1}{1\,000\eta} \qquad (3-25)$$

式中　N_i——风机内功率（kW）；

PtF——全压（Pa）；

Q_1——风机流量（m³/s）；

η——内效率。

根据风机（赵跃民 等，1999）内效率为 0.8，由式（3-25）计算得到风机内功率为 3.56 kW，电机容量储备系数选取 1.5，传动效率为 0.98，则电机所需总功率为 5.23 kW。为保证电机功率，选取 7.5 kW-2 级、额定转速为 2 900 r/min 的电机。

3.4　本章小结

本章明确了气吸式梭形筛膜杂分离装置整体方案，并对关键部件进行了设计，主要结论如下：

（1）分析膜杂分离的问题和原因，基于膜杂混合物分离的要求，制定了膜杂混合物分离工艺流程，分膜土分离、中间抛送、膜秆分离 3 个阶段进行混合物分离，提出了一种气吸运移与梭形筛分相结合的方法，明确膜杂分离方案。

（2）阐述了气吸式梭形筛膜杂分离装置结构组成和工作原理，并对装置关键部件进行分析与设计，确定了梭形筛机构的筛体倾角为 16°，机构端部梭形口直径为 500 mm，中间抛送圆环体直径为 1 000 mm，机构长度为 2 100 mm；膜土分离体由锥形筛筒和螺旋叶片组成，确定筛孔的排布，圆形筛孔直径为 20 mm，推导建立了螺旋叶片曲线参数方程，螺旋升角由后期仿真试验确定；中间抛送圆环体由圆环板和抛送板组成，抛送倾角由后期仿真试验确定；确定了膜秆分离体筛孔为矩形孔，呈交错式排布，矩形孔长 56 mm、宽 15 mm；风力系统由吸风管、离心风机、三相异步电动机等组成，明确了叶片装置的结构，确定了功率为 7.5 kW-2 级、额定转速为 2 900 r/min 的电机。

以上研究结果可为后续膜杂动力学特性分析及分离特性研究奠定基础。

第4章

膜杂分离过程的理论分析

在气吸式梭形筛膜杂分离装置的基础上，膜杂混合物在膜杂分离装置中的运动状态，分为膜土分离、中间抛送、膜秆分离3个区域过程。在采用气吸式梭形筛膜杂分离装置对膜杂混合物进行分离时，受混合物物理特性、结构特征、力学特性，以及在3个区域内分离部件间的互作特性影响，其受力特性存在较大差异。因此，以膜杂混合物为研究对象，分析其在膜土分离区域、中间抛送区域、膜秆分离区域分离部件互作条件下的物料受力分析，揭示膜杂混合物分离过程中动力学特性，为后续分离装置仿真与关键参数取值范围确定提供依据。

4.1 膜土分离体筛面上物料颗粒的力学特性分析

4.1.1 物料颗粒的力学分析

物料颗粒在筛面上输送过程中受力情况复杂，为便于分析颗粒运动过程中的受力，将物料颗粒简化成质点进行分析，通过单质点法分析物料中单个颗粒的受力情况，进而获得物料群中颗粒运动过程中的一般规律。其中，膜土分离体内所受气流速度较低，远小于土壤颗粒和棉秆的悬浮速度，故受力分析时忽略气流场作用。

将螺旋面按升角 β 展开，螺旋线可以用一条斜线表示（孙晓霞，2018），此时颗粒 A 在水平面的受力如图 4-1 所示，其中合力 F_h 可分解成轴线方向的力 F_{xz} 和周向力 F_{YT}。此时处于平衡状态的受力如图 4-1所示。

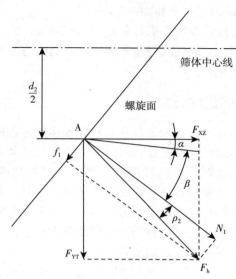

图 4-1　螺旋面作用于棉秆受力分析

$$F_{XZ} = F_h \cos(\alpha + \beta + \rho_2) \qquad (4-1)$$

$$F_{YT} = F_h \sin(\alpha + \beta + \rho_2) \qquad (4-2)$$

其中：

$$\begin{cases} \alpha + \beta = \arctan\left(\dfrac{P_n}{\pi d}\right) \\ \rho = \arctan \mu_1 \end{cases} \qquad (4-3)$$

式中　α——筛体倾角（°）；

　　　β——对数螺旋曲线的螺旋角（°）；

　　　P_n——螺距（mm）；

　　　d——所处位置螺旋叶片内径（mm）；

　　　μ_1——颗粒与螺旋面的摩擦系数。

由图 4-1 可知，为实现良好的输送效果需要使颗粒在螺旋面上所受的法向推力沿轴线方向的分力大于此方向的摩擦阻力，即

$$N_1 \cos(\alpha + \beta) > f_1 \sin(\alpha + \beta) \qquad (4-4)$$

式中　α——筛体倾角（°）；

　　　β——对数螺旋曲线的螺旋角（°）；

　　　f_1——摩擦力（N）；

· 51 ·

N_1——螺旋面棉秆的压力（N）。

由式（4-4）可知，要实现棉秆良好的运移效果，需要保证轴向推力大于此方向上的摩擦阻力，除受自身重量影响外，其受力运移过程还与螺旋叶片升角、筛体倾角相关。

4.1.2 物料颗粒的运动分析

对于分离装置的运移过程来说，在物料颗粒运动过程中颗粒并不是完全沿着筛体轴向做平移运动，而是做相对复杂的空间复合运动。其中，物料在膜土分离体过程中运动时受气流场的阻力很小，只对残膜有一定的牵引作用，对棉秆或土壤颗粒影响较小，故在进行运动分析时，可忽略气流场对物料影响。由于物料颗粒在自重、摩擦力的共同作用下，其输送过程属于复合运动，假定螺旋面以转速 n 进行自转，对应物料颗粒在任一点的运动速度可以分解为轴向速度和周向速度，如图 4-2 所示。

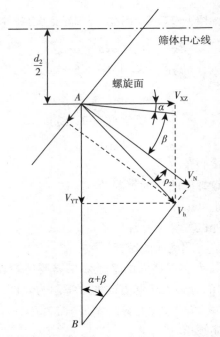

图 4-2 筛面上颗粒速度分解

$$V_h = \frac{\pi d_2 n}{60} \cdot \frac{\sin(\alpha + \beta)}{\cos \rho_2} \qquad (4-5)$$

$$V_{YT} = V_h \sin(\alpha + \beta + \rho_2) = \frac{\pi d_2 n}{60} \cdot \frac{\sin(\alpha + \beta + \rho_2) \cdot \sin(\alpha + \beta)}{\cos \rho_2}$$
$$\qquad (4-6)$$

将摩擦系数 $\tan \rho_2 = \mu_2$ 代入式（4-6）得

$$V_{YT} = V_h \sin(\alpha + \beta + \rho_2) = \frac{\pi d_2 n}{60} \cdot \sin[\sin(\alpha + \beta) + \mu_1 \cos \alpha]$$
$$\qquad (4-7)$$

由图 4-2 结合三角函数易得

$$\tan(\alpha + \beta) = \frac{P_n}{\pi d_2} \qquad (4-8)$$

将式（4-8）代入式（4-7）则可整理得

$$V_{YT} = \frac{P_n n}{60} \cdot \frac{\dfrac{P_n}{\pi d_2} + \mu_1}{\left(\dfrac{P_n}{\pi d_2}\right)^2 + 1} \qquad (4-9)$$

式中　V_{YT}——物料颗粒的周向速度（m/s）；

$\quad\quad P_n$——螺距（mm）；

$\quad\quad n$——为筛体转速（r/min）；

$\quad\quad d_2$——物料所处位置螺旋叶片内径（mm）。

同理可求得物料颗粒的轴线方向速度公式：

$$V_{XZ} = \frac{P_n n}{60} \cdot \frac{1 - \mu_1 \dfrac{P_n}{\pi d_2}}{\left(\dfrac{P_n}{\pi d_2}\right)^2 + 1} \qquad (4-10)$$

为明确膜土分离体结构参数对轴向运动速度的影响，为后续仿真过程确定螺旋升角，根据式（4-9）和式（4-10）对膜杂混合物料颗粒的周向速度和轴向速度与转速、螺距、螺旋叶片摩擦系数等的数值关系进行分析，筛体转速值为定值，螺旋叶片摩擦系数主要由材料本身决定，螺距通过后期仿真模拟物料抛送作用确定，因此圆周速度与轴向速度均随着筛体直径的改变而改变。

4.2　中间抛送圆环体抛送过程力学特性分析

物料在圆环体内运动，在脱离筛面前在重力、摩擦力、离心力、支撑力等共同作用下沿抛送板移动。其中中间抛送圆环体直径大，气流速度较低，分析时忽略气流吸附阻力。将物料简化为质点，对垂直平面内质点抛送前瞬间状态进行受力分析，以抛送点 O 水平方向为 X 轴，垂直方向为 Y 轴，如图 4-3 所示。

$$F_\mathrm{p} = G_1 \sin \sigma - f_z \qquad (4-11)$$

式中　F_p——瞬间抛送力（N）；

　　　σ——抛送角（°）；

　　　G_1——质点重量（N）；

　　　f_z——质点所受摩擦力（N）。

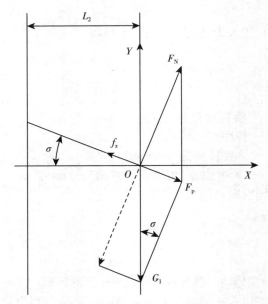

图 4-3　物料质点在滑移过程中受力

　　质点所受摩擦力主要由沿抛送板表面的轴向摩擦力和径向摩擦力组成，忽略空气阻力，即

$$f_z = f_2 + f_3 \qquad (4-12)$$

$$f_2 = \mu mg \cos \sigma \qquad (4-13)$$

式中　f_2——物料沿抛送板方向的轴向摩擦力（N）；

　　　f_3——物料径向摩擦力（N）。

圆环体转速固定，质点在圆周径向方向上，转动角度未达到圆心角 β 时，在摩擦力、离心力和重力作用下与壁面共同运动（图 4 - 3）。

$$f_3 = \mu\left(\frac{1}{2}m\varpi^2 D - mg\cos\beta\right) \tag{4 - 14}$$

式中　　w ——筛体角速度（rad/s）。

由式（4 - 11）至式（4 - 14）得

$$F_p = mg(\sin\sigma - \mu\cos\sigma) - \mu\varpi n\left(\frac{1}{2}w^2 D - g\cos\beta\right) \tag{4 - 15}$$

由式（4 - 15）可知，物料在中间圆环内筛面上运动时，在合力 F_p 作用下沿着抛送板运动，物料质点脱离中间圆环体筛面后抛送的距离与抛送力直接相关。因此，为确保分离效果，对影响抛送力大小的因素进行分析。在质点相同情况下，除 m、μ、w、D、β 等外，仅 σ 为变量值。

因此，适当调整倾角 σ 能够有效提高抛送速度与距离，其中如果倾角过小则会导致抛送距离短，如果倾角过大则会导致物料与尾筛碰撞、摩擦，增加功耗，影响分离效果。混合物料经抛送后落入膜秆分离体区域，其区域存在吸力风场，由于残膜与棉秆或者土壤颗粒的悬浮速度存在差异，抛送距离越远越能获得较好的分离效果，考虑群体物料的差异，为获得较为合适的抛送效果，抛送板倾角 σ 通过后期仿真试验后确定。

4.3　膜秆分离体区域动力学分析

4.3.1　膜秆在气流场中沿水平方向的运动

确定影响膜杂分离的关键因素，对物料沿水平方向的运动过程进行分析。其中残膜和棉秆经中间圆环抛送后进入膜秆分离体气流场区域，与筛面接触之前，主要受到风力、重力作用，运动过程较为复杂。为便于分析，对其运动过程进行简化，以膜秆落入倾斜气流场为原点，设水平方向为 x 轴、垂直方向为 y 轴，建立坐标系。气流场区域气流方向与 x 轴方向夹角为 β_3，此时速度为 v，膜秆的速度为 u，与垂直方向夹角为 β_4，绝对速度为 V_n，将膜秆混合物简化为质量为 m 的点，如图 4 - 4 所示。把 v 看作空气对物料的牵连速度，则物料相对速度 u 即为物料的绝对速度 V_n 与气流速度 v 的向量之差。

膜秆混合物在流场区域受到了重力和风力的作用，当物料体积较大或者

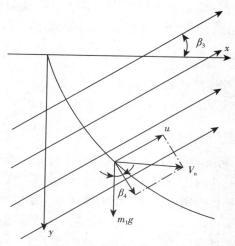

图 4 - 4 物料速度分析

运动速度较大时，流场区域的气流会形成紊流，产生惯性阻力（盛江源 等，1980；塔娜，2009）。根据牛顿第二定律：

$$m_1 \frac{\mathrm{d}v_{x1}}{\mathrm{d}t_1} = k \, | \, V_n \cos \beta_3 - V_{x1} \, |^2 \qquad (4 - 16)$$

式中　V_n——气流速度（m/s）；

　　　m_1——膜秆混合物质量（kg）；

　　　k——风场中阻力系数；

　　　V_{x1}——膜杂混合物颗粒沿水平方向的速度分量（m/s）。

$$m_1 \int \frac{\mathrm{d}V_{x1}}{(V_n \cos \beta_3 - V_{x1})} = k \int \mathrm{d}t_1 \qquad (4 - 17)$$

对其积分可得

$$\frac{m_1}{V_n \cos \beta_3 - V_{x1}} = kt_1 + C_1 \qquad (4 - 18)$$

当 $t_1 = 0$ 时，$V_{x1} = 0$，得

$$C_1 = \frac{m_1}{V_n \cos \beta_3} \qquad (4 - 19)$$

将式（4 - 19）代入式（4 - 18）得

$$V_{x1} = \left(1 - \frac{m_1}{m_1 + kt_1 V_n \cos \beta_3}\right) V_n \cos \beta_3 \qquad (4 - 20)$$

对式（4-20）两端积分得

$$x_1 = V_n \cos \beta_3 - \frac{m_1}{k} \ln(m_1 + kt_1 \cos \beta_3) + C_2 \qquad (4-21)$$

当 $t_1 = 0$ 时，$x_1 = 0$，得

$$C_2 = \frac{m_1}{k} \ln m_1 - V_n \cos \beta_2 \qquad (4-22)$$

将式（4-22）代入式（4-19）得物料颗粒在水平方向上的运动方程：

$$x_1 = V_n t_1 \cos \beta_3 - \frac{m_1}{k} \ln \frac{m_1 + kt_1 V_n \cos \beta_3}{m_1} \qquad (4-23)$$

由式（4-23）可知，物料在气流场中水平方向的运动过程和距离主要受物料本身重量、初始动能、气流角度及下落时间影响，在此过程中物料的悬浮速度差异较大，在气流场区域相同的条件下，棉秆或者土壤颗粒因质量大，其在水平方向运动的距离相对残膜要短，膜秆混合物组分质量差异是其在气流场区域有效分离的主要影响因素。

通过膜秆运动过程的分析，式（4-23）中各因素均能影响膜秆的分离效果，其中气流角度为可控因素，可作为影响分离的关键因素。

4.3.2　物料在气流场中沿垂直方向的运动

根据物料在气流场中受力情况和牛顿第二定律可得

$$m_1 \ddot{y}_1 = m_1 g - R_0 (V_n \sin \beta_3 + \dot{y}_1)^2 \qquad (4-24)$$

由式（4-24）可得

$$\ddot{y}_1 = g - \frac{R_0}{m_1} (V_n \sin \beta_3 + \dot{y}_1)^2 \qquad (4-25)$$

式中　y_1——物料垂直方向下落高度（mm）；

$\quad\quad t_1$——物料在流场中运行时间（s）。

令 $Z = V_n \sin \beta_3 + \dot{y}_1$，可得 $\ddot{y} = \dot{Z}$。故：

$$\dot{Z} = g - \frac{R_0}{m_1} Z^2$$

$$\dot{Z} = \frac{R_0}{m_1} \left(\frac{m_1 g}{R_0} - Z^2 \right) \qquad (4-26)$$

式（4-26）通解为

$$\frac{1}{2\sqrt{\frac{m_1 g}{R_0}}} \ln \frac{\sqrt{\frac{m_1 g}{R_0} + Z}}{\sqrt{\frac{m_1 g}{R_0} - Z}} = \frac{R_0}{m_1} t_1 + \ln C_3$$

即

$$\frac{\sqrt{\dfrac{m_1 g}{R_0}+Z}}{\sqrt{\dfrac{m_1 g}{R_0}-Z}} = C_3{}^2 \sqrt{\frac{m_1 g}{R_0}}\, e^{2\sqrt{\frac{R_0 g}{m_1}}t_1} \qquad (4-27)$$

当 $t_1 = 0$ 时，$\dot{y} = 0$，可得 $Z = V_n \sin\beta_3 + \dot{y}_1 = V_n \sin\beta_3$，即

$$C_3 \sqrt{\frac{m_1 g}{R_0}} = \frac{\sqrt{\dfrac{m_1 g}{R_0}}+V_n \sin\beta_3}{\sqrt{\dfrac{m_1 g}{R_0}}-V_n \sin\beta_3} \qquad (4-28)$$

将式 (4-28) 代入式 (4-27) 整理得

$$Z = \sqrt{\frac{m_1 g}{R_0}}\, \frac{\left(\sqrt{\dfrac{m_1 g}{R_0}}+V_n \sin\beta_3\right) e^{2\sqrt{\frac{m_1 g}{R_0}}t_1}-\left(\sqrt{\dfrac{m_1 g}{R_0}}-V_n \sin\beta_3\right)}{\left(\sqrt{\dfrac{m_1 g}{R_0}}+V_n \sin\beta_3\right) e^{2\sqrt{\frac{R_0 g}{m}}t_1}+\left(\sqrt{\dfrac{m_1 g}{R_0}}-V_n \sin\beta_3\right)}$$

$$(4-29)$$

将 $Z = V_n \sin\beta_3 + \dot{y}_1$ 代入式 (4-29) 整理得

$$\dot{y}_1 = \sqrt{\frac{m_1 g}{R_0}}\, \frac{\left(\sqrt{\dfrac{m_1 g}{R_0}}+V_n \sin\beta_3\right) e^{\sqrt{\frac{R_0 g}{m_1}}t_1}-\left(\sqrt{\dfrac{m_1 g}{R_0}}-V_n \sin\beta_3\right) e^{-\sqrt{\frac{R_0 g}{m_1}}t_1}}{\left(\sqrt{\dfrac{m_1 g}{R_0}}+V_n \sin\beta_3\right) e^{\sqrt{\frac{R_0 g}{m_1}}t_1}+\left(\sqrt{\dfrac{m_1 g}{R_0}}-V_n \sin\beta_3\right) e^{-\sqrt{\frac{R_0 g}{m_1}}t_1}}-$$

$$V_n \sin\beta_3 \qquad (4-30)$$

积分得

$$y_1 = \frac{m_1}{R_0}\ln\left[\begin{array}{c}\left(\sqrt{\dfrac{m_1 g}{R_0}}+V_n \sin\beta_3\right) e^{\sqrt{\frac{R_0 g}{m_1}}t_1}+\\[2mm]\left(\sqrt{\dfrac{m_1 g}{R_0}}-V_n \sin\beta_3\right) e^{-\sqrt{\frac{R_0 g}{m_1}}t_1}\end{array}\right]-V_n t_1 \sin\beta_3 + C_4$$

$$(4-31)$$

当 $t_1 = 0$ 时，$y_1 = 0$，则

$$C_4 = \frac{-m_1}{R_0}\ln 2\sqrt{\frac{m_1 g}{R_0}} \qquad (4-32)$$

将式 (4-29) 代入式 (4-30) 后，整理得到物料分选成分沿垂直方向的运动方程：

$$y_1 = \frac{m_1}{R_0}\ln\frac{\left(\sqrt{\frac{m_1 g}{R_0}}+V\sin\beta_3\right)\mathrm{e}^{\sqrt{\frac{R_0 g}{m_1}}t_1}+\left(\sqrt{\frac{m_1 g}{R_0}}-V_n\sin\beta_3\right)\mathrm{e}^{-\sqrt{\frac{R_0 g}{m_1}}t_1}}{2\sqrt{\frac{m_1 g}{R_0}}}-$$

$$V_n t\sin\beta_3 \tag{4-33}$$

由式（4-33）可知，物料在气流场中垂直方向的运动过程和距离主要受物料本身质量、筛体半径、初始动能、气流角度等各种因素的影响，因此呈现不同的运动状态，即各因素均能影响膜杂分离效果，但在结构参数相同的条件下，气流角度为可控因素。

综上可知，混合物料在落入气流场区域后，在多因素作用下，使其水平和垂直方向运动存在差异，从而使质量较轻的残膜被气流吸附到集膜箱，较重的棉秆或少量土壤颗粒落到膜秆分离体表面。

4.3.3　棉秆落到筛面上的运动分析

棉秆落到膜秆分离体筛面上后，通过碰撞或者滑移运动透过筛孔流出，未能透筛的棉秆在摩擦力、重力及离心力共同作用下，再次以碰撞或者滑移的方式向中间抛送圆环体汇集，在圆环体位置被重新抛送到膜秆分离体气流区域。在此过程中，以筛体表面上的单个棉秆颗粒为研究对象，讨论在多个棉秆颗粒影响下的受力情况，如图 4-5 所示。棉秆在经过筛孔时受到自身重力 $m_2 g$、摩擦力 f_4、轴向分力 P_x 以及其他颗粒的压力的作用，其中该压力可视为筛体面对棉秆颗粒的反力，其在单位面积上的大小为 $-\mathrm{d}Fbx$。

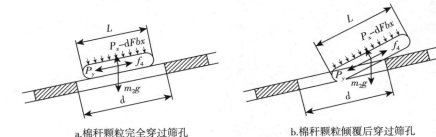

a.棉秆颗粒完全穿过筛孔　　　　b.棉秆颗粒倾覆后穿过筛孔

图 4-5　棉秆颗粒群条件下单棉秆透筛受力分析

如图 4-5a 所示，当棉秆颗粒完全处于筛孔内时，在其他棉秆颗粒群作用下以较大的力穿过筛孔，顺利透筛。如图 4-5b 所示，当棉秆颗粒处于筛孔的边缘时，且重心在筛孔内时，受到其他棉秆颗粒产生的压力$-\mathrm{d}Fbx$，此时棉秆有透筛趋势；否则棉秆不发生透筛，在筛体面上继续滑动或者碰撞，多次重复运动后经筛孔甩出。

综上可知，物料在膜秆分离体中的运动主要包括气流场空间内的运动和筛体壁面上的运动，其中气流场中的运动过程决定了膜秆分离的效果，筛体壁面上的运动决定了透筛效果。

4.4　本章小结

在气吸式梭形筛膜杂分离装置的设计方案基础上，对混合物料在装置内部分离过程中的力学特性进行分析，明确影响分离的影响因素。主要结论如下：

（1）对膜杂混合物在分离装置的运动过程进行分析，依据混合物的分离顺序，分为膜土分离、抛送、膜秆分离3个过程，首先分析土壤颗粒在膜土分离体筛面上的力学特性，得出螺旋叶片升角、筛体倾角、筛体转速等均能影响土壤颗粒的运动。

（2）对膜秆混合物在中间抛送圆环体内脱离抛送板前进行力学分析，在分离装置结构参数确定情况下，抛送板角度是影响抛送距离的关键因素，角度由仿真试验确定；对膜秆混合物在膜秆分离体区域气流场中运动力学分析，可控因素中风速大小、气流角度是影响膜秆分离的关键因素。

以上研究获取了膜杂分离过程中的物料力学特性影响规律，为后续分离装置仿真与关键参数取值范围的确定提供了条件。

第5章
气吸运移条件下膜杂混合物运动仿真分析

仿真试验能够较好地模拟膜杂混合物分离过程中的工作状态，探究关键部件的合理性与影响分离性能的关键因素。在膜杂分离装置和力学特性分析基础上，简化膜杂装置三维模型及构建物料模型并进行验证，开展膜杂分离装置内离散元仿真分析，确定梭形筛体螺旋叶片螺距、抛送板角度等参数；开展气吸式梭形筛膜杂分离装置内气流特性分析，明确分离室内流场分布特性，以及影响分离室内流场特性的因素；通过耦合仿真分析，探究试验因素对膜杂分离作业性能的影响规律和范围，为后续开展膜杂分离物理试验奠定基础。

5.1　梭形筛膜杂分离装置模型简化

借助三维软件 SolidWorks 构建梭形筛膜杂分离装置物理样机模型，用于仿真模拟分析。网格划分是仿真模拟的基础，网格划分的好坏对后期仿真结果影响显著，网格划分得越细，网格质量越高，仿真结果精确度越高，但网格划分太精细会大幅增加运算量，耗费大量时间。因此，为提高有效计算效率，在多次模拟试验基础上，对膜杂分离装置模型进行简化处理，去除机架、控制柜、集膜箱等辅助分离系统，简化得到数值模拟对象，模拟对象为分离装置分离室（简称分离室），其典型结构为梭形筛体与外罩，如图 5-1 所示。在网格划分时，去除倒角、倒圆等一些突变性的几何特征及不规则部位。将简化后的梭形筛膜杂分离装置模型导入 ICEM 软件中进行网格划分。

ICEM 中的网格装配功能可将复杂模型分解而单独实施网格划分，再将独立划分的计算网格组装成整体网格（杨秀伦，2007；闻邦椿，1989；塔娜等，2009）。梭形筛膜杂分离装置简化后的分离室模型结构由内部运动的筛

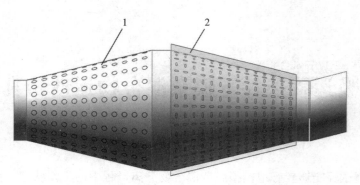

图 5-1 膜杂分离装置简化模型
1. 梭形筛体 2. 外罩

体结构和膜秆分离体外部静止的外罩共同组成,因此在进行网格划分时,将分离室整体划分为动网格区域和静网格区域,两者分别进行绘制。

将相应的筛面命名为相应的 part,在运动区域和静止区域将筛孔分别命名为 interface1 和 interface2,以便在后续的仿真中能够识别 interface 面,并在该位置进行数据传递,从而实现两计算域流通。设置网格大小,由于计算精度与网格数量并不成正比,对于物理量变化剧烈的区域采用局部网格加密以提高该区域计算精度,对于一些物理量变化不显著的区域,如果提高网格密度,并不能显著地提高计算精度,反而会增加计算强度,增加仿真时间,所以在划分网格时,着重对物理量变化剧烈的筛孔处进行网格加密,适当减小该区域的网格尺寸,简化模型网格,并将绘制好的动网格区域和静止区域进行合并,如图 5-2 所示。检查合并后的网格数量与质量,网格总数为 1 939 410 个,网格质量 Skewness 为 0.36,网格数量与质量符合仿真要求,导出网格文件,为下一步的流场分析做准备。

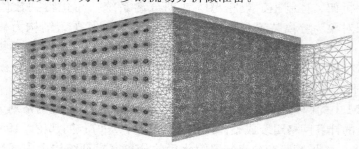

图 5-2 网格区域划分

5.2　气吸式梭形筛膜杂分离装置离散元仿真分析

5.2.1　离散元仿真理论分析

5.2.1.1　理论基础与分析

选取离散元模型分析，将膜杂混合物作为具有一定形状和质量的离散颗粒单元的集合，假定混合物相互独立、相互接触和相互作用（曾山，2021）。本部分模拟梭形筛内物料运动在颗粒集合中传播的过程。混合物运动必然引起相互碰撞，产生力的作用（周又和，2012）。基于离散元模型假设，对膜杂混合物料进行离散元的属性材料的设定。

膜杂混合物物料属于接触模型。准静态下颗粒接触受力表现一定弹塑性，这会影响粒子所受力和力矩的大小。接触关系是非线性的，但可以近似叠加（冯硕，2022）。在离散元中有硬颗粒接触与软颗粒接触两种形式，基于膜杂混合物物料性质与牛顿第二定律，选用农业散体物料筛分输送常用的弹性-阻尼-摩擦接触力学模型即 Hertz-Mindlin（no slip）模型，此模型是EDEM 中默认使用的接触模型。法向力和切向力都有阻尼分量，其中阻尼系数与恢复系数有关。切向摩擦力遵循库仑摩擦定律（刘洪斌 等，2019），滚动摩擦力以独立于接触的方向性恒定扭矩模型实现。研究混合物料之间和物料与旋转筛筒之间接触和碰撞内在运动规律时，由于土壤与土壤、土壤与残膜发生接触作用较小，对仿真结果影响较小，故将其设为默认值，棉秆与各材料的本征参数由试验或参考相关文献（蒋德莉 等，2019；杨松梅，2020）确定。

颗粒间法向力 F_n 由式（5-1）得

$$F_n = \frac{4}{3} E^* R^{*(\frac{1}{2})} \delta_n^{(\frac{3}{2})} \qquad (5-1)$$

式中　　E^*——等效弹性模量；

　　　　R^*——等效颗粒半径（mm）；

　　　　F_n——膜杂混合物颗粒间法向力（N）；

　　　　δ_n——法向重叠量。

$$F_n = \frac{4}{3} E^* R^{*(\frac{1}{2})} \delta_n^{(\frac{3}{2})} \qquad (5-2)$$

$$E^* = \frac{1-\nu_1^2}{E_1} + \frac{1-\nu_2^2}{E_2} \qquad (5-3)$$

$$R^* = \frac{1}{R_1} + \frac{1}{R_2} \qquad (5-4)$$

式中　E_1——颗粒 1 的弹性模量；

　　　ν_1——颗粒 1 的泊松比；

　　　E_2——颗粒 2 的弹性模量；

　　　ν_2——颗粒 2 的泊松比；

　　　R_1——颗粒 1 的半径（mm）；

　　　R_2——颗粒 2 的半径（mm）。

$$F_n^a = -2\sqrt{\frac{5}{6}}\,\beta_6 \sqrt{S_n m^* v_n^{rel}} \qquad (5-5)$$

式中　F_n^a——法向阻尼力（N）。

　　　m^*——等效质量（g）；

　　　β_6——系数；

　　　S_n——法向刚度；

　　　v_n^{rel}——相对速度的法向分量（m/s）。

$$m^* = \frac{m_{g1} m_{g2}}{m_{g1} + m_{g2}} \qquad (5-6)$$

$$\beta_6 = \frac{\ln e}{\sqrt{\ln^2 e + \pi^2}} \qquad (5-7)$$

$$S_n = 2E^* \sqrt{R^* \alpha_f} \qquad (5-8)$$

式中　m_{g1}——颗粒 1 的质量（mm）；

　　　m_{g2}——颗粒 2 的质量（mm）；

　　　e——恢复系数；

　　　α_f——法向重叠量。

颗粒间切向力 F_t：

$$F_t = -S_t \delta_c \qquad (5-9)$$

式中　S_t——切向刚度；

　　　δ_c——切向重叠量。

切向刚度 S_t 为

$$S_t = 8G^* \sqrt{R^* \alpha_2} \qquad (5-10)$$

其中 G^* 为等效剪切模量：

$$G^* = \frac{2-\nu_1^2}{G_1} + \frac{2-\nu_2^2}{G_2} \qquad (5-11)$$

式中　G_1——颗粒 1 的剪切模量；

　　　G_2——颗粒 2 的剪切模量。

颗粒间的切向阻尼力 F_t^d：

$$F_t^d = -2\sqrt{\frac{5}{6}}\beta_6\sqrt{S_t m^* v_t^{rel}} \qquad (5-12)$$

式中　v_t^{rel}——相对速度的切向分量。

5.2.1.2　模型求解过程

膜杂混合物中既含有柔韧性和延展性好的片状残膜，也包含硬度高、韧性差的纤维质棉秆与无韧性但略有硬度的土块，三者混合在一起，碰撞作用力复杂，研究中采用软接触方式即软球模型进行分析，把颗粒间接触过程简化为弹簧振子的阻尼振动，其运动方程（成雨 等，2016；李锡夔，1995）为

$$m_z\ddot{x} + c_n\dot{x} + k^t x = 0 \qquad (5-13)$$

式中　m_z——振子质量（g）；

　　　x——偏离平衡位置的位移（mm）；

　　　$\dot{x}$——位移 x 的一阶导数；

　　　$\ddot{x}$——位移 x 的二阶导数；

　　　c_n——弹簧阻尼系数；

　　　k^t——弹簧弹性系数。

从式（5-13）可知，颗粒承受的恢复力和位移大小成正比，所受黏滞阻力与速度成正比，方向相反，因此弹簧振子在运动中能量逐渐衰减。随阻尼增大，弹簧振子呈现欠、临界和过阻尼振动 3 种形式。

本书根据混合物料几何特征，将其分为颗粒和块体两大系统。每个颗粒或块体为一个单元（熊天伦 等，2013）。循环计算跟踪颗粒的移动状况。根据各颗粒动态作用和牛顿运动定律的交替迭代预测物料运动行为。

每次循环都需要经过以下两个计算步骤：

（1）物料颗粒之间的接触作用力和相对位移，均由作用力、反作用力原理和相邻颗粒间的接触模型确定。

（2）牛顿第二定律确定了物料颗粒的相对位移，以及位移在相邻颗粒间作用下产生的不平衡波动，其要求颗粒间的循环次数趋于受力平衡或物料颗粒的移动趋于稳定（刘禹辰 等，2022）。

在以上计算过程中，按照时步迭代遍历整个颗粒集合，到每个颗粒都区域平衡为止。基于软球模型的颗粒离散元计算流程如图 5-3 所示。

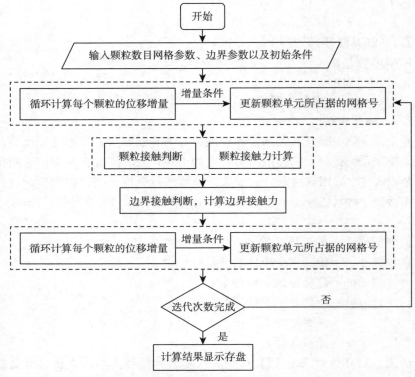

图 5 - 3　基于软球模型的颗粒离散元计算流程

5.2.1.3　混合物离散元软件选取

EDEM 软件是一款基于离散元（discrete element method，DEM）颗粒力学进行仿真的软件，用以模拟预处理后散体物料筛分过程颗粒体系的行为特征，协助本书对梭形筛膜杂混合物分离装置进行相关分析和优化（李永奎，2015）。借鉴软件模拟膜杂混合物颗粒工厂创建残膜、土壤颗粒、棉秆等参数模型。借助 SolidWorks 几何实体模型导入 EDEM，同时将膜杂混合物料特性添加到软件中，形成分析的残膜、棉秆、土壤颗粒模型，以提高仿真的准确性（邢纪波 等，1999）。利用 EDEM 的后处理功能，对研究对象的任意变量组合进行可视化和图表化操作（朱忍忍 等，2018）。

膜杂混合物中残膜、棉秆、土壤颗粒物料特性差异大，属于复杂的农业物料，借助 EDEM 强大的功能，能够准确地对颗粒在筛体内的状态特性进行研究分析。

5.2.2　膜杂物料模型构建与验证

5.2.2.1　物料模型构建

　　模型参数是影响离散元仿真结果好坏的关键因素。颗粒模型几何特征基于预处理后对残膜、棉秆、土壤颗粒测定所得平均值设定，建立残膜、棉秆、土壤颗粒模型，导出为 .x_t 格式文件，将建好的物料颗粒模型导入 EDEM 软件中，设置物料的物理特性参数以及各物料间的接触系数，仿真模型参数如表 5 - 1 所示。其中，参数通过前期研究（康建明 等，2022）和参考相关文献（蒋德莉 等，2019；靳伟 等，2022；杨松梅，2020）确定。

　　由于在 EDEM 软件中模拟真实厚度的残膜需要大量极小尺寸的残膜颗粒进行填充，所需球形颗粒数量多，计算量大、计算时间长，且颗粒数量与计算精度并不成正比，残膜在装置内部体积占比较小，为减小计算量，提高仿真效率，文中忽略残膜的厚度对分离装置内部物料运动情况的影响，适当增加残膜颗粒的直径，同时减小密度以保持残膜质量不变（Guo Wensong，2020），保证残膜颗粒悬浮速度不改变。

表 5 - 1　仿真模型参数

参数	材料			
	残膜颗粒	棉秆颗粒	土壤颗粒	不锈钢
泊松比	0.41	0.34	0.29	0.25
剪切模量/Pa	8.9×10^6	1.1×10^7	5.1×10^6	2.7×10^{10}
密度/（g/cm³）	0.21	0.26	1.84	7.85
与棉秆的碰撞恢复系数	0.86	0.21	0.19	0.31
与棉秆的静摩擦系数	0.66	0.60	0.54	0.45
与棉秆的动摩擦系数	0.55	0.24	0.29	0.32

　　使用球形颗粒对相应的物料颗粒模型进行填充，填充后的颗粒模型如图 5 - 4 所示。仿真目的是观察各物料颗粒在梭形筛中的运动、堆积、输送情况，不讨论片状残膜的缠绕情况，故忽略残膜的柔性进行仿真分析。

　　添加颗粒的工厂，根据前期统计的膜杂混合物中主要成分所占质量的比

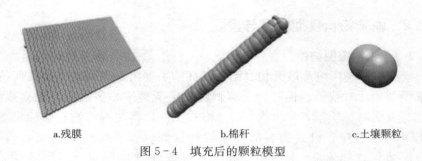

a.残膜   b.棉秆   c.土壤颗粒

图 5-4　填充后的颗粒模型

例，以及不同物料尺寸特征，对生成的物料颗粒进行设置。设置膜杂混合物物料喂入量为 3 kg/min，选择时间步长为 1×10^{-5} s，总的仿真时间设置为 60 s。

5.2.2.2　物料模型试验验证

如图 5-5 所示为堆积角试验结果。

物料堆积角能够较好地反映物料特性，试验中混合物料堆积角采用无底圆筒提升法（王韦韦 等，2021；蒋恩臣 等，2006）进行试验测定。基于前期试验条件，以内径 100 mm、高度为 250 mm 的虚拟圆柱体建立颗粒工厂，待颗粒生成后，以 5 mm/s 的速度沿竖直方向缓慢提升透明圆筒，颗粒模型由圆筒下面流出，在自身重力作用下自然堆积在平面上，形成膜杂混合物颗粒堆。利用 EDEM 软件自带的角度测量工具对颗粒堆的斜面和水平面的夹角进行测量，试验进行 6 次，计算得物料的堆积角均值为 37.62°。

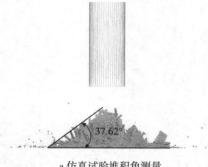

a.仿真试验堆积角测量   b.物理试验堆积角测量

图 5-5　物料堆积角试验结果

为验证物料仿真模型的准确性，试验利用透明的 PVC 圆筒（尺寸规格：内径为 100 mm，厚度为 1 mm，高度为 250 mm），将圆筒中装满膜杂混合物，TA.XTplus 物性测试仪（生产商为英国 Stable Micro Systems 公司，速度为 0.01~40 mm/s，测试距离为 0.001~370 mm）夹住圆筒进行提升试验，提升速度为 5 mm/s。待物料坡面稳定后，进行垂直拍照，试验重复6 次。利用 Matlab 对试验得到的图像进行提取（徐效伟 等，2022），获得物料的堆积角边界，计算得堆积角平均值为 39.12°，如图 5-5b 所示。

通过对比验证试验结果和仿真结果，仿真试验堆积角与实际物理试验堆积角误差为 3.99%，表明仿真膜杂混合物料颗粒可以表征混合物实际物料状态。试验结果与仿真结果在数值上有一定的差异，原因是仿真物料颗粒与实际物料存在差异，以及物理试验过程中物料状态动态变化，对试验结果均有影响。

5.2.3　梭形筛体关键参数仿真分析

5.2.3.1　膜土分离体内螺旋叶片参数仿真分析

膜杂混合物物料由片状残膜、硬质棉秆、土壤颗粒等组成，在筛体转动时各物料呈现的状态不同，将网格化划分后的筛体模型导入 EDEM，颗粒工厂生成残膜、棉秆、土壤颗粒，为便于观察，将残膜、棉秆、土壤颗粒设置成不同的颜色。

螺旋叶片作为搅拌运移筛体内部物料的关键部件，其螺距大小与螺旋叶片的螺旋升角相关，进而间接影响膜杂混合物在筛体内的运移和搅拌效果。膜土分离体主要作用是实现混合物料中土壤颗粒的筛分，因此在膜杂混合物喂入量为 3 kg/min、筛体转速为 32 r/min 的条件下，基于前期设计原理，以仿真试验完成后混合物料中土壤颗粒的质量为膜土筛分效果评价指标，螺旋叶片的螺距和螺旋圈数（1.5、2.0、2.5、3.0、3.5、4.0）为试验可变因素，进行模型仿真数值模拟试验，每个水平值重复 5 次试验。在 EDEM 软件中设置各已知参数值，构建不同螺旋圈数的网格化模型，并进行不同状态下的仿真试验。通过仿真试验，对分离的混合物中土壤颗粒测定，绘制了螺旋叶片圈数与土壤颗粒筛分效果曲线，如图 5-6 所示。

由图 5-6 可知，随着螺旋叶片圈数的增加，即随着螺距的减小，膜土分离体内分离的土壤颗粒质量呈现先增加后下降的趋势，由 0.76 kg 增加到最高 0.86 kg 后下降到 0.74 kg。膜土分离体清除土壤颗粒的能力呈现先增加后降低的趋势，主要原因是：

（1）膜杂混合物在螺旋叶片作用下产生轴向和切向运动的复合运移运

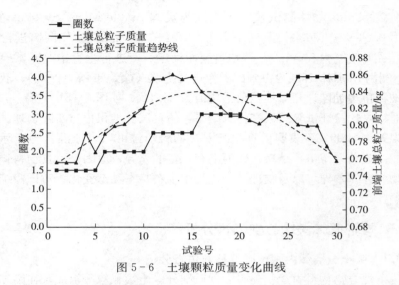

图 5-6　土壤颗粒质量变化曲线

动，在螺旋叶片圈数（即螺旋升角较小）较少时，混合物料轴向运移较小，基本上只做沿筛体表面的滑跌运动，此时叶片搅动作用较小，贴近筛体表面的土壤颗粒被及时筛出，但是大部分土壤颗粒被推送到后端。

（2）当叶片圈数增加（即螺旋升角增加）时，膜杂混合物沿轴向运移加大，此时螺旋叶片的搅拌作用增强，残膜、棉秆、土壤颗粒在运移过程中逐渐出现分层现象，土壤颗粒易于从筛孔中筛出，在运移过程中膜杂混合物的复合运动达到一定程度时土壤颗粒筛分效果最好，工作性能可达到预期设计；但是随着圈数的增加（即螺旋升角的增大），轴向运动加大，运移速度增加，同时叶片与物料的摩擦阻力增加，搅拌效果降低，膜杂混合物料中的土壤颗粒等杂质未及时筛出就被运移到后端，分离效果下降。螺旋圈数在2.5时分离的土壤颗粒质量最大，达到最优筛分效果，通过仿真模拟试验与分析，膜杂分离装置中螺旋叶片圈数取 2.5 圈较为适宜。

由第 3 章设计的锥形筛筒长度为 1 000 mm，可得螺旋叶片的螺距为400 mm，将螺距代入公式（3-19），可得螺旋升角值为 16.53°。

通过仿真试验可知分离室内片状残膜、棉秆、土壤颗粒随着梭形筛转动一起运动，但是由于 3 种物料与梭形筛壁的静摩擦系数不同，产生的摩擦力各不相同，在运动中呈现出的状态不同，沿着壁面上升的高度就不同。土壤颗粒在沿着梭形筛运动过程中，在离心力作用下会从筛孔中甩出，部分棉秆和少量的残膜同样在离心力作用下被甩出。膜杂混合物在膜土分离体运动过程中，由于摩擦系数的差异，在运移搅拌过程中逐步呈现分层现象，残膜在最上端；其次是棉秆，土壤颗粒在筛体内上升高度最低，且与筛体表面贴合，在膜土分离体中最先被筛分出来。呈现的状态如图 5-7a 所示，单个颗粒标记轨迹线如图 5-7b 所示。

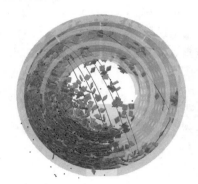 

a.物料运动状态　　　　　　　　　　　　b.轨迹线

图 5-7　膜土分离体内物料运动状态

物料分层是细小颗粒状物料与尺寸差异显著的散装物料分离的前提；残膜、棉秆、土壤颗粒组成的混合物从膜土分离体前端向后端运移的过程中，在筛体转动、螺旋叶片搅动与推送作用下存在滑动、翻滚或者多次抛送等运动形式。膜杂混合物料因自身密度、粒度、形状等差异出现分层，其中密度大、粒度小的土壤颗粒或细小棉秆首先与筛面接触被筛出；残膜质量轻、面积大，运动过程中逐渐位于上层，在此过程中分层与筛分相并存。在筛体转速一定的情况下，随着锥形筛体直径的增加，线速度增加，物料在筛体内受到的离心力逐步增加，抛撒运动明显。在 EDEM 后处理界面通过颗粒选取功能，随机抓取部分物料颗粒，设置为 stream 形式显示，并保存每个时间步的轨迹点，轨迹线导出如图 5-7b 所示，其运动轨迹与上述分析基本一致。

5.2.3.2　中间抛送圆环体结构参数仿真分析

膜杂混合物料经过膜土分离体筛分过程，在倾斜筛面与螺旋叶片共同作用下逐步向后端运移，随着向后端运移的筛体直径尺寸不断增大，在筛体转速一定的情况下，筛体表面的线速度增加，当混合物料到达中间圆环体位置时线速度最大。在膜土分离体作用下，土壤颗粒大部分被分离出来，但是单纯依靠筛分难以实现残膜与棉秆的有效分离，下一步将物料向后抛送借助气流场作用，实现残膜与棉秆、土壤颗粒的进一步分离，中间圆环体抛送过程成为后端筛分的关键影响因素。

梭形筛中间圆环体抛送板主要有两个作用：①实现物料沿筛体轴向提升；②改变物料运动方向，实现物料向后抛送。

在筛分体结构与转速不变的情况下，基于式（4-15）可知，抛送距离主要受到初动能与方向影响。为获取最佳抛送效果，借助仿真软件对不同安装角度下的抛送板抛送过程进行数值仿真，角度分别取 5°、15°、25°、35°、45°等值。抛送距离拟合曲线如图 5-8 所示。

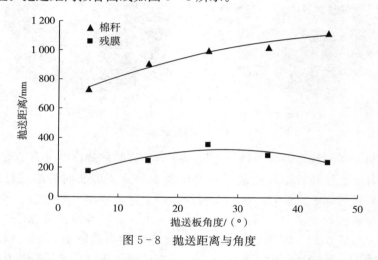

图 5-8　抛送距离与角度

为明确抛送板角度与物料抛送距离之间的关系，将导出的相应数据导入 Origin 中，观察散点趋势，借助一元二次方程对各个点进行曲线拟合，最终导出方程为

$$\begin{cases} y_2 = -0.166\ 4x^2 + 17.251x + 662.62 \\ y_3 = -0.296\ 4x^2 + 16.511x + 93.17 \end{cases} \tag{5-14}$$

式（5-14）中 y_2 为棉秆抛送距离与抛送板角度之间的关系式，y_3 为残膜抛送距离与抛送板角度之间的关系式。

求解方程式，当抛送板角度为 27.85°时，残膜被抛送的最远距离为 323.09 mm，此时对应的棉秆抛送距离为 1 013.98 mm，抛送板设置的目的是实现残膜的最大距离抛送。综上考虑，选取抛送板角度 28°作为后期装置结构确定的依据。

由于中间抛送段长度为 100 mm，因此在保证残膜物料抛送距离尽可能远的同时，通过控制锥形筒后端长度，保证抛起的棉秆不会下落至挡板右端，进而减少清选的残膜中棉秆等杂质含量。同时，观察棉秆与筛面碰撞后的反弹高度以及距离，在棉秆最大抛送距离的基础上，考虑抛送段长度以及棉秆反弹作用，锥形筒后端长度取 1 000 mm 合适。

5.3　气吸式梭形筛膜杂分离装置分离室内流场特性分析

5.3.1　梭形筛内流场基本理论

基于计算流体力学（CFD）分析梭形筛内物料流场特性。流体力学分析是借鉴质量守恒方程、能量守恒方程对流动的数值模拟（吴子牛，2007），通过数值模拟获得流场内各个位置物料的基本物理量。其中这些物理量包括压力、温度、速度等，还包括物理量随时间的变化情况，确定其空化特性、漩涡分布特性、脱流区等。

即使湍流运动复杂多变，湍流的瞬时运动仍适用于非稳态的连续方程和 Navier-Stokes 方程。考虑不可压缩流动，同时忽略其他影响，得到张量形式的气体动力学微分控制方程（万星宇 等，2018；袁月明 等，2005）。

连续方程：

$$\frac{\partial \rho}{\partial t} + \frac{\partial}{\partial x_i}(\rho u_i) = 0 \qquad (5-15)$$

Navier-Stokes 方程：

$$\frac{\partial}{\partial t}(\rho u_i) + \frac{\partial}{\partial x_i}(\rho u_i u_j) = -\frac{\partial p}{\partial x_j} + \frac{\partial}{\partial x_j}\left(\mu \frac{\partial u_i}{\partial x_j} - \rho u_i u_j\right) + S_i$$

$$(5-16)$$

5.3.1.1　膜杂分离装置工作过程分析

膜杂分离装置工作过程一般经过启动、正常工作、停止 3 个阶段，在启动与停止时湍流状态波动明显，属于非定常流动。不考虑膜杂分离装置启动与停止旋转，只研究装置在正常旋转时，分离室内流体运动充分后，各研究的物理量不再随时间波动变化时的状态。综合考虑标准 k-ε 湍流模型在农业机械气固两相流场计算中的应用广泛（徐建华 等，2021；韩占忠，

2004)，采用标准模型进行气吸式梭形筛膜杂分离装置内的气流场计算，其控制方程为

$$\frac{\partial}{\partial t}(\rho k)+\frac{\partial}{\partial x_i}(\rho k u_i)=\frac{\partial}{\partial x_j}\Big[\Big(\mu+\frac{\mu_i}{\sigma_k}\Big)\frac{\partial k}{\partial x_j}\Big]+$$
$$G_k+G_b-\rho\varepsilon-Y_M+S_k \tag{5-17}$$

$$\frac{\partial}{\partial t}(\rho\varepsilon)+\frac{\partial}{\partial x_i}(\rho\varepsilon u_i)=\frac{\partial}{\partial x_i}\Big[\Big(\mu+\frac{\mu_i}{\sigma_k}\Big)\frac{\partial\varepsilon}{\partial x_i}\Big]+$$
$$C_{1\sigma}\frac{\varepsilon}{k}(G_k+G_{3\sigma}G_b)-C_{2\varepsilon}\rho\frac{\varepsilon^2}{k}+S_k \tag{5-18}$$

其中：

$$\mu_t=\rho C_\mu\frac{k^2}{\varepsilon} \tag{5-19}$$

$$G_k=\mu_i\Big(\frac{\partial u_i}{\partial x_j}+\frac{\partial u_j}{\partial x_i}\Big)\frac{\partial u_i}{\partial x_j} \tag{5-20}$$

$$G_b=\beta_p g_i\frac{\mu_i}{Pr_i}\frac{\partial T}{\partial x_i} \tag{5-21}$$

$$Y_M=2\rho\varepsilon Mt^2 \tag{5-22}$$

式中 μ_t——湍流黏度（Pa·s）；

ρ——空气密度（kg/m³）；

G_k——平均速度梯度引起的湍动能 k 的产生项；

G_b——阻力产生的湍动能 k 的产生项；

Y_M——可压缩湍流中脉动扩张的贡献；

S_i、S_k——源项；

β_p——热膨胀系数；

Mt——马赫数。

在标准 $k-\varepsilon$ 模型中，根据 Launder 等的推荐值及实验验证，模型常数 $C_{1\varepsilon}$、$C_{2\varepsilon}$、C_μ、σ_k、σ_ε 的取值为

$$C_{1\varepsilon}=1.44,\ C_{2\varepsilon}=1.92,\ C_\mu=0.09,\ \sigma_k=1.0,\ \sigma_\varepsilon=1.3$$

湍流模型主要用于分析湍流核心区的流动，但是在壁面区，由于层流占主要地位，湍流几乎不起作用。为解决这一问题，引用壁面函数将壁面上的物理量和湍流核心区内相应物理量联系起来。描述壁面附件的湍流性质，使用无滑移条件，令 $u_i=0$，计算时采用壁面函数修正法（王福军，2004），获取相应参数。

y_p 距离点位置：

$$y_p^+ = \frac{\rho\, C_\mu^{1/4} k_p^{1/4}\, y_p}{\mu} \qquad (5-23)$$

y_p 位置的速度：

$$u_p = \frac{u_t}{k} \ln(E y_p^+) \qquad (5-24)$$

y_p 位置的湍动能：

$$k_p = \frac{\mu_t^2}{\sqrt{C_\mu}} \qquad (5-25)$$

y_p 位置的耗散率：

$$\varepsilon_p = \frac{\mu_t^3}{k y_p} \qquad (5-26)$$

式中　u_t——壁面摩擦因数；
　　　常数 $E=9.8$，$k=0.4$。

由式（5-23）至式（5-26）知，y_p 距离点位置、y_p 位置的速度与 y_p 成正比；y_p 位置的湍动能与 y_p 无关，与湍流黏度 μ_t 成正比；y_p 位置的耗散率与 y_p 成反比，与湍流黏度 μ_t 成正比。湍流黏度及 y_p 位置的速度对各个指标的影响较大，为提高分离效果，将物料预处理，使物料呈打散状态，以降低湍流黏度。

5.3.1.2　膜杂混合物流场仿真软件选择

选用 Fluent 软件对膜杂混合物梭形筛内流场特性进行分析，借鉴其数值计算方法，并对混合物特性变量指标进行后处理（赵磊 等，2020）。采用其多种求解方法和多重网格加速收敛技术，以确定研究需要的最佳、最精确的结果。依据软件内非结构化网格和基于求解的自适应网格技术及成熟的物理模型，模拟多相流、旋转机械、动/变形网格、混合物复杂机理的流动问题（廖辉，2013）。

膜杂混合物在气流场中的悬浮速度差异较大，分离室内的气流场变化直接影响膜杂混合物各物料的分离效果，因此利用 Fluent 软件强大的分析与后处理功能对流场进行仿真模拟。将网格化处理后的分离装置导入流场软件中，并对相关参数进行设置与计算求解，最后对计算结果进行显示与输出，结合参数变化分析分离装置室内流场变化。借助 Fluent 软件对简化后的分离装置内的流场进行模拟分析。

设置右侧与离心风机相连的位置为气流吸力场方向，其中吸风口位置为左侧中心，大小与风机吸风管直径相等。采用基于 Simple 非耦合隐式求解算法（翟庆良，2014），选择稳态求解方法，设置重力加速度，打开湍流模型开关，并将湍流模型设为 Standardk-epsilon 模型，分别对膜杂混合物运动学分析过程中影响分离效果的关键因素依次进行设置。在此依据前期理论分析与相关膜杂分离试验结果，在吸风口风速、气流角度、梭形转速、梭形筛长度、梭形筛直径等影响因素中选取对整体筛分效果影响较大的因素。

5.3.2　风速对气流场影响分析

为探明气流场清选分离系统内气流运动特性，对其进行仿真分析。对梭形筛分离室内的流场仿真模拟，以典型截面——筛面中部纵剖面为例，其模拟结果如图 5-9 所示。

由气流速度云图可知，气流在筛体形成的分离室内呈现鸭梨形分布，气流随着外罩的收口方向风速逐渐增强，沿着导流外罩形成速度较高的气流带，并且气流流速层次差异显著，十分有利于残膜与棉秆颗粒的沉降。其中，在Ⅰ区、Ⅱ区、Ⅲ区范围，气流场速度均小于棉秆和土壤颗粒的悬浮速度，验证了膜土分离体和中间抛送圆环体内受力分析时忽略气流吸附阻力假设的准确性。

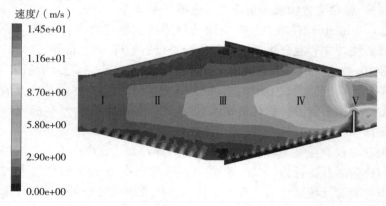

图 5-9　筛分系统内气流运动特性仿真结果

根据风速梯度差将分离室划分为区域Ⅰ、Ⅱ、Ⅲ、Ⅳ、Ⅴ等 5 个区域，分别为轻风区、微风区、中风区、高风区、强风区，如表 5-2 所示。

表5-2 风场区域

项目	Ⅰ轻风区	Ⅱ微风区	Ⅲ中风区	Ⅳ高风区	Ⅴ强风区
风速范围	<1.45 m/s	1.45~3.0 m/s	3.0~4.5 m/s	4.5~10.0 m/s	10.0~14.5 m/s
作用力	物料受螺旋叶片、筛体壁面碰撞力	残膜受一定吸附阻力	残膜受较强吸附阻力	膜、秆在抛送过程中受吸附阻力	膜、秆、土在抛送过程中受吸附阻力
预计效果	细小颗粒的分层与筛分	残膜分层上移	抛撒状态的膜、秆分离	抛送距离差异显著，残膜能够与棉秆有效分离	在此区域膜、秆、土均能被吸附到集膜箱

膜杂混合物在5个区域的受力及分离效果如下：

Ⅰ轻风区：膜杂混合物料投入筛分体后，首先落入区域Ⅰ（轻风区），由于该区域气流风速小于1.45 m/s，小于各物料悬浮速度，因此物料在此区域受到螺旋叶片、筛体壁面的碰撞，有利于细小颗粒的分层与筛分。

Ⅱ微风区：物料进入区域Ⅱ（微风区）时，该区域风速为1.45~3.0 m/s，对于土壤颗粒、棉秆等密度大的物料影响轻微，仅对较轻的残膜有一定的牵引作用，物料运移过程中促进残膜分层上移。

Ⅲ中风区：物料进入区域Ⅲ（中风区）时，该区域风速为3.0~4.5 m/s，对残膜的吸附牵引作用明显增强，极大促进残膜分层或向后端筛体吸附残膜，尤其利于抛撒状态的膜、秆分离。

Ⅳ高风区：当物料经中间圆环体抛送板落入区域Ⅳ（高风区）时，该区域风速为4.5~10.0 m/s，速度范围变化大，膜、秆在抛送过程中受到吸附风阻的影响，抛送距离差异显著，沉降明显，在筛体转动作用下残膜能够与棉秆有效分离，部分棉秆即使能够落入后端高风区，由于较重的棉秆难以随气流变向而被挡板阻挡在左侧。

Ⅴ强风区：当物料经中间圆环体抛送板落入区域Ⅴ时，该区域风速为10.0~14.5 m/s，风速大，膜、秆、土均能被吸附到集膜箱，必须避免棉秆抛送到此区域。

5.3.3 吸风口角度对气流场影响分析

为分析吸风口角度对气流场的影响，在分离室内流场模拟时为便于分析与观察，控制其他变量为固定值，在保持风速、转速、挡板高度不变的情况下，设置不同吸风口角度分别进行仿真试验。分离室内气流场仿真模拟完成后，选取典型截面——筛面中部纵剖面为例，其模拟结果如图 5 - 10 所示。

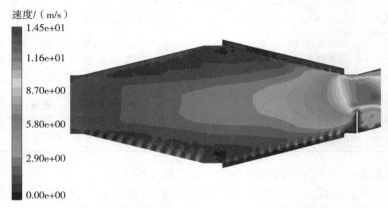

图 5 - 10　吸风口角度为 15°时分离室内速度云图

残膜与棉秆被抛入气流区域后，受初动能、重力势能及气流阻力的复合作用，气流角度的变化能够影响抛送距离，进而影响分离效果。分析不同吸风口角度下分离室内速度云图可知，在吸风口风速值与梭形筛转速相同的条件下，对比分析可以得出，吸风口角度的变化对分离室内的流场分布影响显著。吸风口角度增加，膜秆分离体区域上部气流速度增加，下部降低，同时由于受到密封罩构成的空间影响，随着吸风口角度的增加气流风速在水平方向衰减明显。

在分离室结构不变的情况下，分离室上部的气流速度升高，中下部气流速度降低，且出现明显的涡流现象。在其他因素控制不变的情况下，增加吸风口角度有利于增大残膜与棉秆的距离，基于比重差异有利于沉降分层。但是当气流角度增加到 50°时，分离室后端湍流、涡流严重，容易产生残膜回流，导致分离效率降低。吸风口角度对流场分布与流场速度影响较大，在膜杂混合物筛分过程中属于着重考虑的关键因素，合理的吸风口角度有利于提高膜杂混合物筛分效果。

5.3.4　挡板高度对气流场影响分析

为分析挡板高度对流场的影响，分离室内流场模拟时为便于分析与观察，控制其他变量为固定值，在保持上述值不变的情况下，分别对分离室内气流场进行模拟，选取典型截面——筛面中部纵剖面为例，其模拟结果如图 5 - 11 所示。

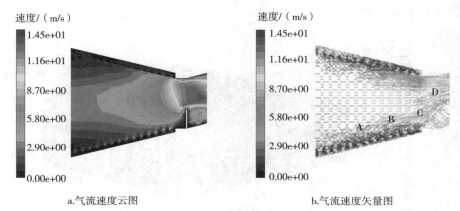

a.气流速度云图　　　　　　　　　　b.气流速度矢量图

图 5 - 11　挡板位置气流场模拟

由图 5 - 11 可知，因挡板的存在，气流在挡板附近 D 区域集聚，在区域 C 位置处形成旋流，A 到 B 区域旋流效果明显小于 B 到 C 区域，且气流速度在挡板前后衰减显著。由图 5 - 11a 所示的气流速度云图，可知气流速度在经过挡板后快速增大，有利于沿着风管面形成速度较高的气流带，便于携带吸附的残膜越过挡板，经离心风机吸送到集膜箱。图 5 - 11b 为气流速度矢量图，在外罩和气流挡板共同作用下形成鸭梨状旋流，在挡板前为顺时针旋流，在 C 区发生剧烈变化，可有效引导棉秆沉降；气流在挡板后端位置 D 区汇集，非常有利于气流携带残膜越过挡板顶端，而惯性大的棉秆则被挡板挡下。

在沉降过程中少量被棉秆遮挡的残膜被携带至 A 区，在梭形筛体转动过程中残膜与密度差异大的棉秆再次分层，残膜在气流牵引作用下向吸风口运动；棉秆落到膜秆分离体表面，残膜则随着 B 区旋流进入 C 区实现二次清选。挡板对气流场分布的影响显著，但是当挡板高度超过 260 mm 时，流场区域剧烈变化。流场仿真分析结果表明，膜秆分离体内气流场运动特性符合膜杂分离装置的设计效果。

5.3.5　筛体转速对气流场影响分析

为分析筛体转速对流场的影响，分离室内流场模拟时为便于分析与观察，控制其他变量为固定值，在保持风机风速与风机吸风口角度不变的情况下，分别对分离室内气流场进行模拟，选取典型截面——筛面中部纵剖面为例，其模拟结果如图 5 - 12 所示。

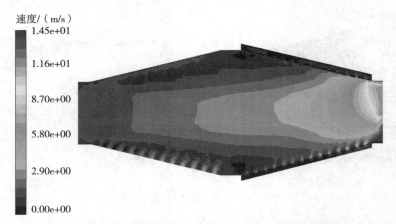

图 5 - 12　不同梭形筛转速条件下气流场模拟

分析图 5 - 12 所示不同梭形筛转速下分离室内速度云图可知，在风机风速值与风机吸风口角度不变的情况下，改变梭形筛转速未见气流场明显变化，可知梭形筛对分离室内气流场整体分布影响不显著，同时前期取筛体转速为定值，并不会影响后期气流场分布，此为非必要考虑因素，因此后期耦合仿真时不再考虑转速值影响。

5.4　气吸式梭形筛膜杂分离装置内耦合仿真研究

5.4.1　耦合仿真理论分析

5.4.1.1　耦合仿真基础

前面借助流体力学软件 Fluent 和离散元软件 EDEM，分别对梭形筛式膜杂分离装置内无物料时的气流场和无气流时物料在梭形筛壁上的运动进行了数值模拟与分析。由于膜杂混合物特殊的物料特性，在气流与梭形筛共同配合下才能实现较好的膜杂分离效果。在实际分离过程中，气流影响物料颗粒的运动，物料颗粒同样会影响膜秆分离体内的气流，同时膜-秆-土壤颗粒之间、物料与梭形筛壁之间相互作用，是一种相对复杂的气固两相流动。本部分借助仿真软件进行气固两相流场耦合仿真，对物料在气流作用下在梭形筛面的运动规律进行分析。

在此以片状残膜、棉秆、土壤颗粒为研究对象，利用离散元素法软件 EDEM 对物料进行建模，通过接口模块与计算流体力学软件 Fluent 耦合，对膜杂混合物在气固两相流场中分离过程进行数值模拟。

流体相连续性方程和动量方程（周力行，1982；吴文渊 等，1992）可分别表示为

$$\frac{\partial (\varepsilon_f \rho_f)}{\partial t_n} + \nabla \cdot (\varepsilon_f \rho_f V_f) = 0 \qquad (5-27)$$

流体的运动微分方程为

$$\frac{\partial (\varepsilon_f \rho_f V_f)}{\partial t_n} + \nabla \cdot (\varepsilon_f \rho_f V_f) = -\nabla P_v + \nabla \cdot (\mu_f \varepsilon_f \nabla V_f) + \varepsilon_f \rho_f g - S_D$$

$$(5-28)$$

式中　ρ_f——空气的密度（kg/m³）；

$\quad\quad$ t_n——时间（s）；

$\quad\quad$ V_f——气流场风速（m/s）；

$\quad\quad$ ε_f——气体的体积分数项；

$\quad\quad$ P_v——气体微元上的压强（Pa）；

$\quad\quad$ g——物料颗粒的重力（m/s²）；

$\quad\quad$ μ_f——黏滞系数；

$\quad\quad$ ∇——哈密顿微分算子；

$\quad\quad$ S_D——动量汇。

颗粒相与流体相之间的相对运动会产生阻力，通过计算其阻力的动量汇可以实现颗粒相与流体相之间的耦合作用，动量汇 S_D 可由下式求得（张汉中 等，2022；史高昆 等，2022）：

$$S_D = \frac{\sum\limits_{i=1}^{n} F_i}{V_a} \qquad (5-29)$$

式中　F_i——第 i 个颗粒对气流的阻力（N）；

$\quad\quad$ V_a——网格单元的体积（m³）。

5.4.1.2　CFD 耦合仿真模拟

前期分别对膜土分离体内膜杂分离过程模拟，以及对膜秆分离体内影响气流场分布的因素进行了仿真分析，为探明膜杂混合物在筛体内部的运移规

律，需综合流场、颗粒场，从而对梭形筛工作过程进行流固耦合仿真分析。采用单向耦合的方式，首先通过 Fluent 软件计算出稳定的流场数据（穆桂脂 等，2021），选择每个网格单元的 X、Y、Z 方向速度值，导出每个网格单元所需要的流场数据，保存为 .cgns 格式文件，EDEM 软件通过 API 识别导出的流场数据文件，在颗粒场中建立流场环境。其中 Fluent 软件以及 EDEM 软件中的其他设置与前文相同，通过流固耦合的方式实现流体和颗粒之间的质量、动量以及能量等数据传递（张锋伟 等，2019），能够直观地观察流场对于梭形筛式分离装置内膜杂物料的作用。在 Fluent-EDEM 耦合仿真完成后，对耦合后的模拟过程进行分析研究。气固两相流计算流程如图 5 – 13 所示。

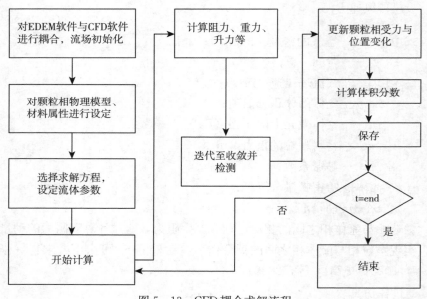

图 5 – 13　CFD 耦合求解流程

5.4.2　仿真试验设计

5.4.2.1　试验因素确定

膜杂混合物料在膜土分离体中运移时，受到重力、螺旋推力等力的作用，以及螺旋叶片的搅动作用，在此过程中出现滑动、翻转、抛送等状态，在筛体内部出现分层，较小的土壤颗粒等杂质被逐渐筛出；经过中间圆环体的抛送作用，残膜与棉秆等杂质在气流场区域快速沉降，受气流场变向与挡板作用，残膜经离心风机被吸附到集膜箱。由机理分析与仿真模拟可知，气流场辅助与梭形筛筛分相结合可以实现残膜快速高效的分离。明确膜杂分离过程中关键因素的影响范围，为下一步分离装置的试验研究奠定理论基础。

　　基于理论分析与仿真试验，在喂入量与筛体转速一定的情况下，影响膜杂混合物筛分的主要影响因素为吸风口风速、吸风口角度和吸风口挡板高度，其余为次要因素，在 Fluent-EDEM 耦合仿真完成后，对耦合后的模拟过程进行分析研究。借助仿真软件进行单因素试验分析风速、角度和挡板高度对膜中含杂率和漏膜率的影响，借助软件确定后续实际试验中正交试验因素水平范围。

　　吸风口风速大小是影响物料分离效果的关键因素，通过前面仿真分析，吸风口风速在筛体内部衰减明显，根据 5.3.2 部分分析的气流在筛体内空间分布情况，吸风口风速仿真范围设为 4～15 m/s；气流角度影响残膜和棉秆在气固流场中的抛送距离，合理的气流角度有利于膜杂分离，根据 5.3.3 部分分析的气流角度范围设为 5°～50°；残膜和棉秆经中间抛送环抛送后落入气流场中，部分较轻的棉秆易被吸入集膜箱中，由于残膜较轻在气流场中易于变向，而棉秆在气流场中惯性大不易变向，受到挡板作用后将出现膜秆分离。根据 5.3.4 部分分析的挡板高度范围设为 30～260 mm。喂入量取设计值 3 kg/h，在进行单一因素试验时，其余因素取中间值。

5.4.2.2　评价指标

　　膜杂混合物分离的目的是获取干净的残膜，以便于下一步的资源化利用，膜中含杂率和漏膜率是衡量机收膜杂混合物分离效果的重要指标，膜中含杂率越低越利于直接利用，漏膜率越低表明分离效果越好。为了验证分离装置的性能效果和获得最优工作参数，以膜中含杂率、漏膜率作为评价指标，通过在仿真软件中划定区域，分别测定区域内各物料的密度，以对分离效果进行评价。

　　评价指标计算方法如下：

$$Y_1 = \frac{m_{c1}}{m_{z1}} \times 100\ \%　\qquad (5-30)$$

式中　Y_1——膜中含杂率（%）；

　　　　m_{z1}——集膜箱内物料的总质量（g）；

　　　　m_{c1}——集膜箱物料中残膜质量（g）。

$$Y_2 = \frac{m_{c2}}{m_{z2}} \times 100\% \qquad\qquad (5-31)$$

式中　Y_2——漏膜率（%）；

$\quad\quad m_{z2}$——出料口排出的物料总质量（g）；

$\quad\quad m_{c2}$——出料口排出物料中残膜质量（g）。

5.4.3　仿真试验结果分析

5.4.3.1　气流风速范围分析

对不同吸风口风速作用下膜杂混合物分离过程进行仿真，分别测量膜中含杂率和漏膜率，对所测的数据进行统计，结果如图 5-14 所示。

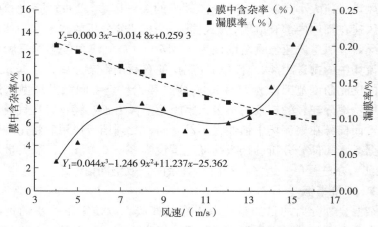

图 5-14　筛分效果与风速关系曲线

图 5-14 为试验指标随吸风口气流速度变化曲线，膜中含杂率呈现先增加后降低再升高的变化趋势。当吸风口气流速度小于 7 m/s 时，膜中含杂率随着气流速度的增加逐渐升高，主要原因是气流速度的增加有利于膜秆分离；当气流速度较低时，通过气流携带作用进入集膜箱的膜片和棉秆较少，导致膜中含杂率升高，此时分离效率较低；气流速度在 7~11 m/s 时，膜中含杂率随着气流速度的增加逐渐降低，主要原因是气流速度变大，膜杂分离效率增加，大量的残膜在气流携带作用下进入集膜箱，只有较少的棉秆在气流作用下进入集膜箱，此时膜中含杂率呈现下降趋势。但是当气流速度超过 11 m/s 时，气流携带作用力快速增强，膜片和棉秆被同时吸送到集膜箱，

导致膜中含杂率快速升高。漏膜率与吸风口气流速度成反比，当气流速度小于 11 m/s 时漏膜率下降明显，当速度超过 11 m/s 时，漏膜率下降变缓。气流速度增加但低于 11 m/s 时，有效促进了膜秆分离，大量的残膜被吸送到集膜箱。气流速度超过 11 m/s 后，气流携带能力增加，使得残膜和棉秆同时被吸送到集膜箱，膜中含杂率增加。

　　膜中含杂率和漏膜率是膜杂混合物分离的重要性能指标，膜中含杂率越低越有利于综合利用，漏膜率越低说明混合物料分离效果越好。综合上述分析，随着吸风口气流速度逐渐增加，漏膜率逐渐降低，但是膜中含杂率呈现先增加后降低再升高的变化趋势，综合考虑分离效率与分离效果，当气流速度在 11 m/s 时，膜中含杂率具有最小值，漏膜率变化趋势变缓，由此以气流速度 11 m/s 作为中值，最终确定气流速度水平区间为 9～13 m/s。

5.4.3.2　气流角度范围确定

　　图 5 - 15 为试验指标随气流角度变化曲线，膜中含杂率随着气流角度的增加呈现先降低再增加趋势，角度分界点为 30°。当气流角度低于 30°时，随着气流角度的增加，膜中含杂率快速降低，原因是残膜和棉秆在气流场中受到的作用力逐渐增大，气流可以携带残膜和棉秆向前运行更长距离，在此过程中膜杂分离效果明显；当气流角度超过 30°后，膜中含杂率缓慢增加，原因是分离室内上部气流速度增加，下部气流速度降低，同时由于受到密封罩构成的空间的影响，部分棉秆夹杂在残膜中被吸送到集膜箱。

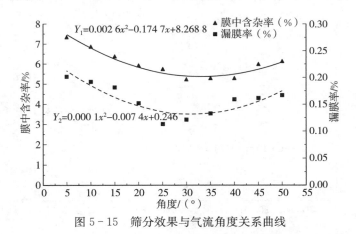

图 5 - 15　筛分效果与气流角度关系曲线

　　漏膜率随着气流角度的增加呈现先降低再升高的趋势，分界点为 25°。

当气流角度低于 25°时，漏膜率逐渐降低，原因是随着角度的增加，气流在垂直方向的分力增加，有利于残膜和棉秆的分离，分离效果较好，故漏膜率逐渐降低；当气流角度大于 25°时，分离室内气流场下偏，虽然垂直方向分力增加，但是由于受抛送距离的影响，残膜与棉秆分离效果降低，导致杂质中残膜增加。膜中含杂率和漏膜率均随着气流角度的增加，呈现先降低后升高的趋势，经图 5-15 所示变化曲线分析可得，膜中含杂率最佳分离角度在30°左右，漏膜率最佳分离角度在 25°左右，综合分析试验指标中值位置，最终确定气流角度水平区间为 20°～35°。

5.4.3.3 吸风口处挡板高度范围确定

图 5-16 为试验指标随挡板高度的变化曲线，膜杂含杂率呈现先缓慢降低再升高的变化趋势，变化趋势分界点是在挡板高度 180 mm 处。当挡板高度小于 180 mm 时，膜中含杂率随着挡板的高度快速降低，原因是残膜在气流场中悬浮速度小，且能随着气流变向，越过挡板，但是由于棉秆密度大、悬浮速度大、惯性大，不易随着气流方向的变化而快速变化，导致棉秆撞到挡板后落至筛体内部，因此集膜箱内含杂率低；当挡板高度大于180 mm时，随着挡板高度的增加，膜中含杂率缓慢升高，主要原因是随着挡板高度增加，部分残膜同样被挡板挡住，进而导致集膜箱内膜中含杂率相对升高。漏膜率随着挡板高度的增加呈现先降低后增大的变化趋势。当挡板高度小于180 mm 时，漏膜率随着挡板高度的增加逐渐降低，原因是受挡板阻挡作

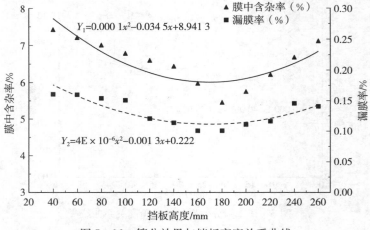

图 5-16 筛分效果与挡板高度关系曲线

用，残膜顺利越过挡板，而棉秆由于惯性大不易变向被挡板挡下，故漏膜率较低；当挡板高度超过 180 mm 时，漏膜率缓慢上升，主要原因是随着挡板高度的增加，部分残膜被挡板挡下，导致漏膜率上升。

膜中含杂率和漏膜率均随着挡板高度的增加，呈现先降低后升高的趋势，经图 5-16 所示变化曲线分析可得，试验指标膜中含杂率和漏膜率最佳分离高度在 180 mm 左右，综合分析试验指标中值位置，最终确定挡板高度水平区间为 160～200 mm。

5.5 本章小结

本章通过分离装置和膜杂混合物的物料模型，开展气吸式梭形筛膜杂分离装置分离过程仿真分析，确定了分离装置的关键参数、影响分离性能的因素与范围。主要研究结论如下：

（1）构建了物料模型，通过堆积角仿真试验和物料试验，测定值相对误差为 3.99%，表明参数适用于膜杂接触模型仿真。通过离散元仿真分析，确定螺旋叶片圈数为 2.5，进而确定螺旋升角为 16.53°；确定中间抛送圆环体抛送板安装角度为 28°。

（2）基于分离装置分离室内流场特性仿真试验，明确了梭形筛结构内气流场分布特征，并对风速、吸风口角度、挡板高度、转速等因素对气流场的影响规律进行了分析，得出风速和转速变化对分离室内流场影响较小，吸风口角度和挡板高度对分离室内流场分布影响较大。

（3）通过耦合仿真试验，探究了试验因素对气吸式梭形筛膜杂分离装置分离性能的影响规律。膜中含杂率随着气流风速的增加而增加，随着气流角度和挡板高度的增加呈现先降低后增加的趋势。综合确定因素较优区间：气流风速为 9～13 m/s，气流角度为 20°～35°，挡板高度为 160～200 mm。

以上研究为后续开展膜杂分离物理试验奠定了基础。

第6章

气吸式梭形筛膜杂分离装置试验研究

前期在气吸式梭形筛膜杂分离装置的设计方案基础上，对混合物料在装置内部分离过程进行分析，明确了影响分离的因素；并通过构建分离装置和膜杂混合物的物料模型，开展气吸式梭形筛膜杂分离装置分离过程仿真分析，确定了分离装置的关键结构参数与影响分离性能的因素范围。本章主要研究内容为梭形筛膜杂分离装置工作参数的确定与优化，首先搭建膜杂分离装置并匹配控制系统进行物理试验，构建气流速度、吸风口角度、挡板高度、喂入量等试验因素与膜中含杂率、漏膜率关系模型，分析单因素对气吸式梭形筛膜杂分离装置分离性能的影响，确定基本影响规律；其次通过多因素交互作用对分离装置分离性能影响变化规律分析，获得分离装置最佳工作参数组合，并开展验证试验，验证参数优化结果。

6.1 气吸式梭形筛膜杂分离装置搭建

气吸式梭形筛膜杂分离装置主要由喂料系统、筛体、外罩、吸风管、风力系统、集膜箱、升降平台、机架、变频器等组成，如图 6-1 所示。其中，喂入量、筛体转速、风机转速均通过变频器进行调节，以实现工作过程的参数控制；吸风口角度通过电动推杆控制升降平台高度来实现倾角控制。

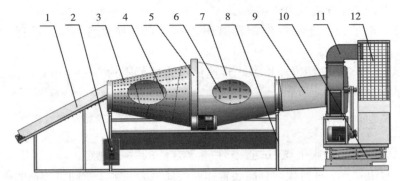

图6-1　膜杂分离装置结构

1. 喂料系统　2. 变频器　3. 膜土分离体　4. 螺旋叶片　5. 中间抛送圆环体　6. 膜秆分离体

7. 外罩　8. 机架　9. 吸风管　10. 升降平台　11. 风力系统　12. 集膜箱

三相异步电动机（江苏新大力电机制造有限公司生产）、调速电机（晟邦电机深圳有限公司生产）主要参数如表6-1所示。

表6-1　电机及主要参数

名称	型号	功率/kW	电流/A	转速/（r/min）	效率/%
异步电动机 A	YE2-132S2	7.5	14.9	2 880.0	88.1
异步电动机 B	YE2-112M	4.0	8.1	2 900.0	85.8
调速电机	7RGU-75	0.75	3.0	0～1 300.0	

6.2　试验方案设计

6.2.1　试验条件与材料

在山东省农业机械科学研究院试验基地，利用自制的螺旋推进式膜杂混合物破碎装置对田间回收的膜杂混合物料进行了破碎处理，获取试验用预处理物料，物料及其组分所占比例关系见本书第2章2.1节所述。

试验用仪器设备：

（1）手持热敏式风速仪：风速测量范围为0～30 m/s，风速测量误差为±1%。

（2）三量数显倾斜角仪：倾斜角测量范围为0°～90°，产品精度

为 ±0.2°，工作温度为 0~40 ℃。

（3）电子秤：上海东南衡器有限公司生产，精度为 1 g，量程为 0~30 kg。

（4）UT372 高精度非接触式转速仪：测量范围为 0~99 999 r/min，转速测量精度为 0.04r/min。

6.2.2 试验方法

试验依照《农业机械 试验条件测定方法的一般规定》（GB/T 5262—2008）的相关方法进行膜杂分离装置作业性能试验。第 3 章和第 4 章的研究确定了气流速度、吸风口气流角度、挡板高度、喂入量等因素是影响气吸式梭形筛膜杂分离装置的关键因素；通过仿真试验确定了气流风速、气流角度、挡板高度、喂入量为主要影响因素，确定了吸风口风速较优区间（9~13 m/s）、气流角度较优区间（20°~35°）、挡板高度较优区间（160~200 mm）；装置设计处理量为 180 kg/h，因此，喂入量较优区间取 160~200 kg/h。

试验时吸风管角度、升降台高度通过角度仪显示的角度获取，调节升降平台高度实现角度控制；吸风口风速值通过风速仪显示的风速获取，调节离心风机转速大小可实现风速控制；通过更换不同挡板实现挡板高度控制；通过控制喂入系统电机快慢实现喂入量控制。气吸式梭形筛膜杂分离装置试验因素及区间值如表 6-2 所示。

表 6-2 试验因素与区间

序号	试验因素	区间值
1	风速 X_1/（m/s）	9~13
2	气流角度 X_2/（°）	20~35
3	挡板高度 X_3/mm	160~200
4	喂入量 X_4/（kg/h）	160~200

工作参数范围参照表 6-2 对膜中含杂率和漏膜率进行测定。以气吸式梭形筛膜杂分离装置分离到集膜箱内的物料为测定对象计算膜中含杂率，取 3 次随机抽样测定的平均值作为试验结果，则膜中含杂率计算公式为

$$Y_{G1} = \frac{G_{m1}}{G_{z1}} \times 100\% \qquad (6-1)$$

式中　Y_{G1}——膜中含杂率（％）；

　　　G_{m1}——集膜箱物料中杂质质量（g）；

　　　G_{z1}——集膜箱内物料的总质量（g）。

以气吸式梭形筛膜杂分离装置下部排出的杂质物料为测定对象计算漏膜率，取 3 次随机抽样测定的平均值为试验结果，则漏膜率计算公式为

$$Y_{G2} = \frac{G_{m2}}{G_{z2}} \times 100 \% \qquad (6-2)$$

式中　Y_{G2}——漏膜率（％）；

　　　G_{m2}——排出的杂质物料中残膜质量（g）；

　　　G_{z2}——排出的杂质物料总质量（g）。

为获取较优试验因素组合，采用 Box-Behnken 试验设计原理进行多因素组合试验（康建明，2013），以膜中含杂率 Y_{G1}、漏膜率 Y_{G2} 为响应值，以气流风速、气流角度、挡板高度、喂入量为影响因子开展四因素三水平试验，因素水平编码如表 6-3 所示。

利用 Design-Expert 10. 0. 3 软件进行数据处理分析。待气吸式梭形筛膜杂分离装置运行稳定后，开始加入膜杂混合物进行性能试验，通过不同气流风速、气流角度、挡板高度、喂入量的试验组合方案进行试验并记录试验结果。

表 6-3　试验因素水平与编码

水平编码	因素			
	风速 X_1/（m/s）	气流角度 X_2/（°）	挡板高度 X_3/mm	喂入量 X_4/（kg/h）
−1	9.0	20.0	160.0	150.0
0	11.0	27.5	180.0	180.0
1	13.0	35.0	200.0	200.0

6.3　试验结果与分析

6.3.1　试验结果

运用 Box-Behnken 试验设计四因素三水平试验，试验结果如表 6-4 所示，其中 X_1、X_2、X_3、X_4 为因素编码值。

表 6 - 4　试验设计方案与结果

试验号	因素				响应值/%	
	X_1	X_2	X_3	X_4	Y_{G1}	Y_{G2}
1	−1	−1	0	0	9.61	0.142
2	−1	0	0	−1	12.43	0.118
3	0	1	−1	0	11.76	0.123
4	1	0	0	1	9.12	0.148
5	0	1	0	1	11.13	0.107
6	0	1	1	0	8.91	0.117
7	0	0	−1	−1	8.71	0.092
8	0	1	0	−1	10.85	0.137
9	0	−1	1	0	10.70	0.228
10	1	0	0	−1	9.08	0.138
11	0	0	1	1	8.70	0.128
12	0	0	−1	1	8.90	0.103
13	−1	0	0	1	9.70	0.127
14	0	0	0	0	10.31	0.176
15	1	1	0	0	9.92	0.179
16	−1	1	0	0	8.50	0.116
17	0	0	0	0	8.56	0.099
18	0	0	1	−1	9.29	0.233
19	0	0	0	0	10.8	0.119
20	0	0	0	0	9.73	0.106
21	1	0	1	0	9.03	0.153
22	−1	0	1	0	8.82	0.172
23	0	0	0	0	9.61	0.093
24	0	−1	0	1	9.53	0.101
25	0	−1	−1	0	10.22	0.243
26	−1	0	−1	0	8.53	0.207
27	0	−1	0	−1	9.17	0.113
28	1	−1	0	0	9.34	0.213
29	1	0	−1	0	9.71	0.172

6.3.2　回归模型建立与显著性检验

试验结果如表 6-4 所示（X_1、X_2、X_3、X_4 为因素编码值），针对表 6-4中的膜中含杂率、漏膜率，采用 Design-Expert 10.0.3 软件进行回归拟合分析（任露泉，2003）。建立膜中含杂率 Y_{G1}、漏膜率 Y_{G2} 对吸风口风速 X_1、气流角度 X_2、挡板高度 X_3、喂入量 X_4 等 4 个自变量的二次多项式响应面回归模型。

6.3.2.1　膜中含杂率显著性分析

膜中含杂率分析结果如表 6-5 所示，膜中含杂率 Y_{G1} 回归模型 $P<0.01$，表明此回归模型极显著；同时，绝对系数 $R_2=0.82$，表明该模型可以拟合 82% 以上的试验结果。其中 X_1、X_4 和 X_4^2 对膜中含杂率模型影响极显著，$X_1 X_3$ 和 X_1^2 对膜中含杂率模型影响显著。各影响因素对膜中含杂率模型影响显著性由大到小为喂入量、吸风口风速、挡板高度、气流角度。

表 6-5　膜中含杂率回归方差分析

项目	方差来源	平方和	自由度	均方	F	P
	模型	20.79	14	1.48	4.69	0.003 3
	X_1	2.95	1	2.95	9.31	0.008 6
	X_2	4.41×10^{-3}	1	4.41×10^{-3}	0.014	0.907 8
	X_3	0.83	1	0.83	2.63	0.127 5
	X_4	7.30	1	7.30	23.03	0.000 3
	$X_1 X_2$	0.012	1	0.012	0.038	0.847 9
	$X_1 X_3$	1.85	1	1.85	5.84	0.030 0
Y_{G1}	$X_1 X_4$	0.73	1	0.73	2.31	0.151 1
	$X_2 X_3$	0.012	1	0.012	0.038	0.847 9
	$X_2 X_4$	0.51	1	0.51	1.61	0.224 8
	$X_3 X_4$	0.64	1	0.64	2.02	0.177 2
	X_1^2	1.69	1	1.69	5.34	0.036 7
	X_2^2	0.27	1	0.27	0.86	0.368 1
	X_3^2	0.69	1	0.69	2.19	0.161 4
	X_4^2	5.07	1	5.07	16.00	0.001 3

（续）

项目	方差来源	平方和	自由度	均方	F	P
	残差	4.44	14	0.32		
	失拟项	4.12	10	0.41	5.24	0.062 3
Y_{G1}	误差	0.31	4	0.079		
	总和	25.23	28			

注：$P<0.05$ 表示差异显著，$P<0.01$ 表示差异极显著。

剔除不显著因素，得到各因素变量对膜中含杂率的二次回归方程 [式（6-3）]。并对其失拟性进行检验，失拟项大于 0.05，即失拟不显著，说明模型所拟合的二次回归方程与实际相符合，能够正确反映膜中含杂率 Y_{G1} 与 X_1、X_2、X_3、X_4 之间的关系，利用回归模型能够对分离装置的工作参数进行优化。

$$Y_{G1}=8.88+0.50X_1+0.019X_2-0.26X_3+0.78X_4+0.055X_1X_2+$$
$$0.68X_1X_3+0.43X_1X_4-0.055X_2X_3+0.36X_2X_4+0.40X_3X_4+$$
$$0.51X_1^2+0.21X_2^2+0.33X_3^2+0.88X_4^2 \qquad (6-3)$$

6.3.2.2 漏膜率显著性分析

漏膜率分析结果如表 6-6 所示，漏膜率 Y_{G2} 回归模型 $P<0.01$，表明此回归模型极显著，同时绝对系数 $R_2=0.95$，表明该模型可以拟合 95% 以上的试验结果。其中 X_1、X_2、X_3、X_4、X_2X_3、X_2^2、X_3^2 和 X_4^2 对漏膜率模型影响极显著，X_1X_3、X_1X_4 和 X_1^2 对漏膜率模型影响显著。基于影响因素重要性排序，各影响因素对漏膜率模型影响显著性由大到小为吸风口风速、气流角度、喂入量、挡板高度。

各不同因素变量与漏膜率的二次回归方程如式（6-4）所示，并对其失拟性进行检验，失拟项大于 0.05，即失拟不显著，说明模型所拟合的二次回归方程与实际相符合，能够正确反映漏膜率 Y_{G2} 与 X_1、X_2、X_3、X_4 之间的关系，利用回归模型能够对分离装置的工作参数进行优化。

$$Y_{G2}=0.12-0.034X_1-0.037X_2+0.016X_3+0.024X_4-3.5\times10^{-3}X_1X_2-$$
$$0.017X_1X_3-0.018X_1X_4-0.030X_2X_3-0.015X_2X_4-$$
$$0.012X_3X_4+0.016X_1^2+0.017X_2^2+0.017X_3^2+0.021X_4^2 \qquad (6-4)$$

表 6 - 6　漏膜率回归方差分析

项目	方差来源	平方和	自由度	均方	F	P
	模型	0.053	14	3.798×10^{-3}	19.30	$<0.000\,1$
	X_1	0.014	1	0.014	69.13	$<0.000\,1$
	X_2	0.016	1	0.016	83.50	$<0.000\,1$
	X_3	3.008×10^{-3}	1	3.008×10^{-3}	15.29	$0.001\,6$
	X_4	7.105×10^{-3}	1	7.105×10^{-3}	36.11	$<0.000\,1$
	X_1X_2	4.800×10^{-3}	1	4.900×10^{-5}	0.25	$0.625\,5$
	X_1X_3	1.190×10^{-3}	1	1.190×10^{-3}	6.05	$0.027\,5$
	X_1X_4	1.332×10^{-3}	1	1.332×10^{-3}	6.77	$0.020\,9$
Y_{G2}	X_2X_3	3.540×10^{-3}	1	3.540×10^{-3}	17.99	$0.000\,8$
	X_2X_4	8.702×10^{-3}	1	8.702×10^{-4}	4.42	$0.054\,0$
	X_3X_4	6.250×10^{-3}	1	6.250×10^{-4}	3.18	$0.096\,4$
	X_1^2	1.654×10^{-3}	1	1.654×10^{-3}	8.40	$0.011\,7$
	X_2^2	1.923×10^{-3}	1	1.923×10^{-3}	9.77	$0.007\,4$
	X_3^2	1.813×10^{-3}	1	1.813×10^{-3}	9.21	$0.008\,9$
	X_4^2	2.989×10^{-3}	1	2.989×10^{-3}	15.19	$0.001\,6$
	残差	2.755×10^{-3}	14	1.968×10^{-4}		
	失拟项	2.433×10^{-3}	10	2.433×10^{-4}	3.03	$0.148\,4$
	误差	3.212×10^{-4}	4	8.030×10^{-5}		
	总和	0.056	28			

注：$P<0.05$ 表示差异显著，$P<0.01$ 表示差异极显著。

6.3.3　单因素对分离装置分离性能影响分析

6.3.3.1　单因素对膜中含杂率的影响分析

如图 6 - 2 所示，分析各因素对膜中含杂率的影响规律。

由试验结果分析可知，在吸风口风速和喂入量处于较低水平时，膜中含杂率呈现缓慢下降趋势，待风速和喂入量增大到一定程度后呈现快速上升趋势，其中喂入量相比吸风口风速上升明显；随着气流角度的增加，膜中含杂率呈现先缓慢下降后缓慢上升趋势，变化不显著；随着挡板高度的增加，膜中含杂率呈现下降趋势，在挡板高度低于 0 水平时，膜中含杂率下降较明显。

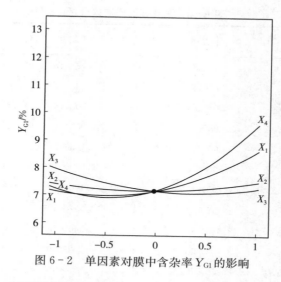

图 6 - 2   单因素对膜中含杂率 Y_{G1} 的影响

究其原因，随着吸风口风速的增加，空气阻力增加，残膜悬浮速度逐渐达到其临界值，但仍低于棉秆和土壤颗粒悬浮速度，因此残膜能够较好输送到集膜箱。随着风速的持续增加，悬浮速度持续增大，存在部分较小的棉秆和土壤颗粒被输送到集膜箱，导致膜中含杂率快速增加；随着气流角度的增加，膜中含杂率变化并不明显，说明气流角度的增加对膜杂分离效果影响较小；随着挡板高度的增加，片状残膜可以随着气流变向越过挡板，被吸送到集膜箱，棉秆和土壤颗粒惯性较大，易被挡板阻挡；在试验初期膜中含杂率变化缓慢，但随着喂入量逐渐增加且超过装置有效处理量时，存在膜杂混合物分离不充分的情况，从而导致膜中含杂率快速增加。

6.3.3.2   单因素对漏膜率的影响分析

如图 6 - 3 所示，分析各因素对漏膜率的影响规律。由试验分析可知，首先随着吸风口风速和气流角度的逐渐增加，漏膜率呈现下降趋势，且变化显著；其次随着挡板高度和喂入量的增加，漏膜率呈现上升趋势，且在挡板高度和喂入量超过 0 水平值后上升较显著。

究其原因，随着吸风口风速的增大，空气阻力增大，且大量残膜被吸附到集膜箱，悬浮速度有所增加，有利残膜的分离，使漏膜率逐渐降低，但是存在部分较小的棉秆和土壤颗粒被吸附到集膜箱；随着气流角度的增加，气流场整体下移，气流在垂直方向的阻力上升，对于残膜吸附力有所增加，使漏膜率明显下降；挡板能够阻挡惯性大、难以变向的棉秆和土壤颗粒，降低集膜箱中杂质的含量，但是随着挡板高度的增加，能够随着气流方向改变顺利通过挡板的残膜逐渐降低，从而漏膜率有所增加；随着喂入量逐渐增加，当其未超过分离装置处理能力时，膜杂混合物中的残膜能够被顺利吸附到集膜箱内，但随着喂入量进一步增加且超出其有效分离量时，残膜与棉秆、土壤颗粒的相互作用加强，致使混合物料分离不充分，从而导致杂质中含膜量增加。

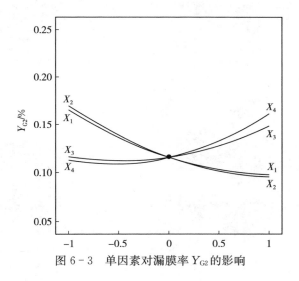

图 6 - 3　单因素对漏膜率 Y_{G2} 的影响

6.3.4　交互因素对分离装置分离性能影响分析

为直观分析 X_1、X_2、X_3、X_4 各因素对响应值 Y_{G1}、Y_{G2} 的影响规律，利用 Design-Expert 10.0.3 软件，在膜杂混合物二次回归模型基础上绘制试验指标与因素间响应曲面图的基础上，分析交互因素作用的影响效应（戴飞等，2018）。

6.3.4.1　交互因素对膜中含杂率的影响分析

图 6 - 4a 为 X_3、X_4 位于 0 水平时 X_1、X_2 对膜中含杂率 Y_{G1} 的影响规律。可见两因素对膜中含杂率影响权重有所差异，吸风管风速对膜中含杂率影响明显大于气流角度。当风速逐渐增加时，膜中含杂率先缓慢下降后快速增加；当气流角度增加时，膜中含杂率缓慢增加。其原因是随着吸风口风速

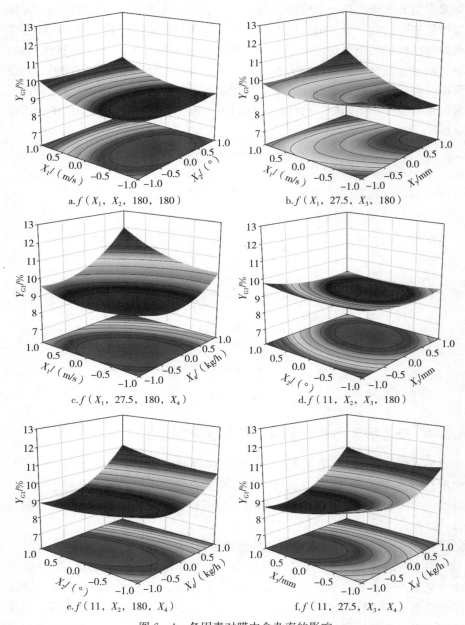

a.$f(X_1, X_2, 180, 180)$

b.$f(X_1, 27.5, X_3, 180)$

c.$f(X_1, 27.5, 180, X_4)$

d.$f(11, X_2, X_3, 180)$

e.$f(11, X_2, 180, X_4)$

f.$f(11, 27.5, X_3, X_4)$

图 6-4 各因素对膜中含杂率的影响

增加，悬浮速度增加，更多的残膜被吸附到集膜箱，膜中含杂率出现缓慢下降，但是随着风速的持续增大，悬浮速度持续增加，当超过棉秆和土壤颗粒的悬浮速度时，部分棉秆和土壤颗粒同样被吸附到集膜箱，导致膜中含杂率快速增加；随着气流角度的增加，气流在垂直方向的阻力增加，更多残膜被吸附到集膜箱的同时，少部分棉秆同样被吸附到集膜箱，导致膜中含杂率增加，影响显著性较小。

图 6-4b 为 X_2、X_4 位于 0 水平时 X_1、X_3 对膜中含杂率 Y_{G1} 的影响规律。可见两因素对膜中含杂率影响权重有所差异，挡板高度对膜中含杂率影响明显大于吸风管风速。当风速逐渐增加时，膜中含杂率先缓慢下降后快速增加；随着挡板高度的增加，膜中含杂率快速降低。其原因是随着吸风口风速增加，悬浮速度增加，更多的残膜被吸附到集膜箱，膜中含杂率出现缓慢下降，但是随着风速的持续增大，悬浮速度持续增加，当超过棉秆和土壤颗粒的悬浮速度时，部分棉秆和土壤颗粒同样被吸附到集膜箱，导致膜中含杂率快速增加；棉秆和土壤颗粒质量高、悬浮速度大、惯性大，在气流场中难以随着气流方向快速变向，随着挡板高度的增加，棉秆和土壤颗粒被挡板阻挡落回筛体，甚至部分残膜同样被阻挡，使膜中含杂率快速下降。

图 6-4c 为 X_2、X_3 位于 0 水平时 X_1、X_4 对膜中含杂率 Y_{G1} 的影响规律。可见两因素对膜中含杂率影响权重有所差异，喂入量对膜中含杂率影响明显大于吸风管风速。当风速逐渐增加时，膜中含杂率先缓慢下降后快速增加；当喂入量增加时，膜中含杂率先缓慢下降后快速增加。其原因是随着吸风口风速增加，悬浮速度增加，更多的残膜被吸附到集膜箱，膜中含杂率出现缓慢下降，但是随着风速的持续增大，悬浮速度持续增加，当超过棉秆和土壤颗粒的悬浮速度时，部分棉秆和土壤颗粒同样被吸附到集膜箱，导致膜中含杂率快速增加；随着喂入量的增加，单位时间内分离装置内混合物增加，在达到最佳处理量之前，大量残膜被及时分离出来，膜中含杂率出现缓慢下降，随着喂入量的进一步增加，分离装置处理能力下降，部分粘连的细小棉秆或者小颗粒被吸附到集膜箱，导致膜中含杂率快速增加。

图 6-4d 为 X_1、X_4 位于 0 水平时 X_2、X_3 对膜中含杂率 Y_{G1} 的影响规律。可见两因素对膜中含杂率影响权重有所差异，气流角度对膜中含杂率影响高于挡板高度。随着气流角度的增加，膜中含杂率呈现缓慢增加趋势；随着挡板高度的增加，膜中含杂率呈现缓慢下降趋势。气流角度和挡板高度交互作用对膜中含杂率影响并不显著，其结果与数据方差分析的结果相同。

图 6-4e 为 X_1、X_3 位于 0 水平时 X_2、X_4 对膜中含杂率 Y_{G1} 的影响规律。可见两因素对膜中含杂率影响权重有所差异，喂入量对膜中含杂率影响明显大于气流角度。当气流角度增加时，膜中含杂率缓慢增加；随着喂入量增加，膜中含杂率先缓慢下降后快速增加。随着气流角度的增加，气流在垂直方向的阻力增加，更多残膜被吸附到集膜箱的同时，少部分棉秆同样被吸附到集膜箱，导致膜中含杂率增加；随着喂入量的增加，单位时间内分离装置内混合物增加，在达到最佳处理量之前，大量残膜被及时分离出来，膜中含杂率出现缓慢下降，随着喂入量的进一步增加，分离装置处理能力下降，部分粘连的细小棉秆或者小颗粒被吸附到集膜箱，导致膜中含杂率快速增加。

图 6-4f 为 X_1、X_2 位于 0 水平时 X_3、X_4 对膜中含杂率 Y_{G1} 的影响规律。可见两因素对膜中含杂率影响权重有所差异，喂入量对膜中含杂率影响明显大于挡板高度。随着挡板高度的增加，膜中含杂率呈现缓慢下降趋势；当喂入量增加时，膜中含杂率先缓慢下降后快速增加。其原因是挡板高度增加，棉秆和土壤颗粒被挡板阻挡落回筛体，甚至部分残膜同样被阻挡，使膜中含杂率下降。随着喂入量的增加，单位时间内分离装置内混合物增加，在达到最佳处理量之前，大量残膜被及时分离出来，膜中含杂率出现缓慢下降，随着喂入量的进一步增加，分离装置处理能力下降，部分粘连的细小棉秆或者小颗粒被吸附到集膜箱，导致膜中含杂率快速增加。

6.3.4.2 交互因素对漏膜率的影响分析

图 6-5a 为 X_3、X_4 位于 0 水平时 X_1、X_2 对漏膜率 Y_{G2} 的影响规律。可见两因素对漏膜率影响差异较小，漏膜率均随着吸风口速度和气流角度的增加呈现下降趋势。其原因是随着吸风口风速的降低，悬浮速度逐渐增大，更多的残膜被吸附到集膜箱，甚至部分棉秆和土壤颗粒同样被吸附到集膜箱，导致漏膜率降低；气流角度的增加，垂直方向的分力增大，悬浮速度小的残膜更易被吸附到集膜箱，进而使漏膜率降低。

图 6-5b 为 X_2、X_4 位于 0 水平时 X_1、X_3 对膜中含杂率 Y_{G2} 的影响规律。可见两因素对漏膜率影响权重有所差异，挡板高度对漏膜率影响明显大于吸风口风速。随着吸风口风速的增加，漏膜率逐渐降低；随着挡板高度的增加，漏膜率快速降低。其原因是风速的增加提高了悬浮速度，残膜更容易被吸附到集膜箱，因而漏膜率下降；随着挡板高度的增加，惯性大、难以变向的棉秆和土壤颗粒被挡板阻挡落回筛体，部分残膜同样被挡板阻挡落回筛体，导致漏膜率增加。

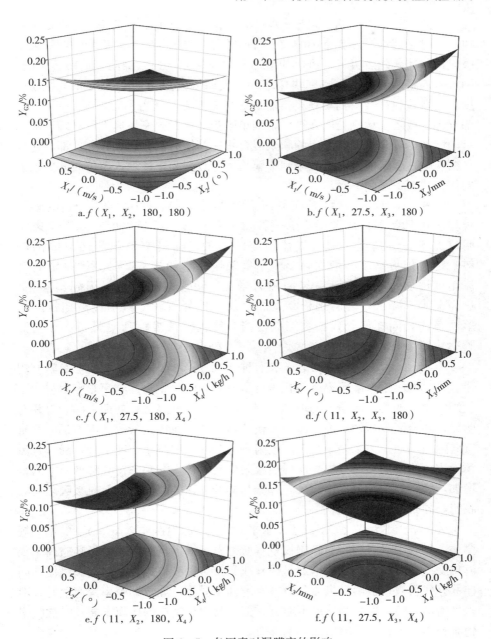

a. $f(X_1, X_2, 180, 180)$

b. $f(X_1, 27.5, X_3, 180)$

c. $f(X_1, 27.5, 180, X_4)$

d. $f(11, X_2, X_3, 180)$

e. $f(11, X_2, 180, X_4)$

f. $f(11, 27.5, X_3, X_4)$

图 6-5　各因素对漏膜率的影响

图 6-5c 为 X_2、X_3 位于 0 水平时 X_1、X_4 对膜中含杂率 Y_{G2} 的影响规律。可见两因素对漏膜率影响权重有所差异，喂入量对漏膜率影响明显大于吸风口风速。随着吸风口风速的增加，漏膜率先迅速下降明显后缓慢下降；随着喂入量的增加，漏膜率快速增加。其原因是风速的增加提高了悬浮速度，大量残膜被吸附到集膜箱，漏膜率快速下降，随着风速的进一步增大，部分棉秆或者土壤颗粒同样被吸附到集膜箱，使漏膜率快速下降；随着喂入量的增加，进入分离装置内的膜杂混合物在筛体后端分离不充分，部分与棉秆粘连的残膜未能及时被吸附到集膜箱，导致漏膜率增加，单位时间内喂入的物料越多，漏膜率越高。

图 6-5d 为 X_1、X_4 位于 0 水平时 X_2、X_3 对膜中含杂率 Y_{G2} 的影响规律。可见两因素对漏膜率影响权重有所差异，挡板高度对漏膜率影响明显大于气流角度。随着气流角度的增加，漏膜率呈现缓慢下降的趋势；随着挡板高度的增加，漏膜率呈现快速增加趋势。其原因是随着气流角度增加，物料在垂直风向阻力增加，更多的残膜被吸附到集膜箱，进而漏膜率降低；随着挡板高度的增加，棉秆或者土壤颗粒被挡板阻挡落回筛体，同样部分残膜被挡板阻挡未能及时被吸附到集膜箱，导致漏膜率快速上升。

图 6-5e 为 X_1、X_3 位于 0 水平时 X_2、X_4 对膜中含杂率 Y_{G2} 的影响规律。可见两因素对漏膜率影响权重有所差异，喂入量对漏膜率影响明显大于气流角度。随着气流角度的增加，漏膜率呈现降低趋势，初期下降趋势相对明显；随着喂入量的增加，漏膜率快速增加。其原因是气流角度增加，垂直方向阻力增加，大量残膜被及时吸附到集膜箱，漏膜率快速下降，随着气流角度进一步增加，部分棉秆同样被吸附到集膜箱，漏膜率持续降低；喂入量增加，膜杂混合物分离不充分，部分与棉秆粘连的残膜未能及时被吸附到集膜箱，导致漏膜率增加。

为图 6-5f 为 X_1、X_2 位于 0 水平时 X_3、X_4 对膜中含杂率 Y_{G2} 的影响规律。可见两因素对漏膜率影响权重有所差异，喂入量对漏膜率影响略高于气流角度。随着挡板高度的增加，棉秆或者土壤颗粒被挡板阻挡落回筛体，同样部分残膜被挡板阻挡未能及时被吸附到集膜箱，导致漏膜率快速上升；喂入量增加，膜杂混合物分离不充分，部分与棉秆粘连的残膜未能及时被吸附到集膜箱，导致漏膜率增加。

6.4　参数优化与试验验证

6.4.1　参数优化

　　根据上述试验及响应因素分析，不同因素对气吸式梭形筛膜杂混合物分离装置的各项性能指标影响规律不同，为使膜杂混合物分离装置作业性能最佳，满足膜杂分离要求，对气吸式梭形筛膜杂分离装置试验中的影响因素参数进行优化，获取装置最佳参数组合，试验如图 6-6 所示。

a.样机性能试验

b.残膜

c.杂质

图 6-6　样机性能试验效果

　　根据分离性能要求、工作条件，以及上述模型分析结果，借助软件建立性能指标全因素二次回归方程，进行目标优化与最优工作参数确定（孙岳等，2018；栗晓宇 等，2023）。其中以膜中含杂率 Y_{G1} 和漏膜率 Y_{G2} 最小值为优化目标，且重点为膜中含杂率 Y_{G1}。设置吸风口风速为 9～13 m/s，气流角度为 20°～35°，挡板高度为 160～200 mm，喂入量为 150～210 kg/h，见式（6-5）：

$$minG(X)=\begin{cases} Y_{G1}(X_1,X_2,X_3,X_4) \\ Y_{G2}(X_1,X_2,X_3,X_4) \\ 9 \leqslant X_1 \leqslant 13 \\ 20 \leqslant X_2 \leqslant 35 \\ 160 \leqslant X_2 \leqslant 200 \\ 150 \leqslant X_3 \leqslant 210 \end{cases} \quad (6-5)$$

优化求解后的结果为：当吸风口风速为 11.25 m/s、气流角度为 34.93°、挡板高度为 188.96 mm、喂入量为 164.94 kg/h 时模型综合曲面响应值最佳，对应膜中含杂率为 8.67%，漏膜率为 0.092%。性能试验效果如图 6-6 所示。

6.4.2 最优参数试验验证

为了验证优化结果的准确性，基于试验条件，将寻优得到的参数值进行圆整处理，取吸风口风速 11 m/s、气流角度 35°、挡板高度 190 mm、喂入量 165 kg/h，进行试验研究。试验共进行 3 次，取平均值作为最终试验结果，其模型优化值和试验值对比如表 6-7 所示。

表 6-7 模型优化值与试验值对比

项目	评价指标/%	
	膜中含杂率 Y_{G1}	漏膜率 Y_{G2}
模型优化值	8.67	0.092
验证试验值	8.31	0.098
误差值	4.15	6.520

分析验证试验结果可知，膜中含杂率较优化前有明显下降，漏膜率较优化前略有上升，试验值与模型理论优化值误差不超过 7%，试验结果与预测值相近，已达到预期目的，验证了所建模型的准确性，能满足膜杂分离要求。

6.5 本章小结

本章搭建了气吸式梭形筛膜杂分离装置，通过物理试验研究，分析吸风口风速、气流角度、挡板高度、喂入量对膜中含杂率和漏膜率的影响规律，获取最优参数组合，并进行试验验证。主要结论如下：

（1）搭建了气吸式梭形筛膜杂分离装置，以吸风口风速、气流角度、挡板高度、喂入量等为影响因素，开展了响应面试验研究与分析，建立膜中含杂率和漏膜率对各因素的二次多项式回归模型。确定各因素值对膜中含杂率模型影响显著性顺序由大到小为喂入量、吸风口风速、挡板高度、气流角度，各影响因素对漏膜率模型影响显著性顺序由大到小为吸风口风速、气流角度、喂入量、挡板高度，并分析了吸风口风速、气流角度、挡板高度、喂入量对膜中含杂率和漏膜率的影响规律。

（2）基于膜杂混合物分离要求，利用 Box-Behnken 组合试验法优化分析，得出气吸式梭形筛膜杂分离装置最优工作参数组合，当吸风口风速为 11.25 m/s、气流角度为 34.93°、挡板高度为 188.96 mm、喂入量为 164.94 kg/h 时模型综合曲面响应值最佳，对应膜中含杂率为 8.67%，漏膜率为 0.092%。

（3）将得到的最优参数进行圆整，即吸风口风速 11 m/s、气流角度 35°、挡板高度 190 mm、喂入量 165 kg/h，进行验证试验，相同试验条件下获得膜中含杂率为 8.31%，漏膜率为 0.098%，与优化模型相对误差在 7% 之内，表明优化模型能够较好地反映膜杂分离装置的作业性能，满足膜杂混合物分离要求。

第7章

结论与展望

7.1 结论

　　农田残膜机械化回收与利用是解决残膜污染的关键，但机械化回收的残膜破损严重，混有棉秆和土壤颗粒等杂质，且与棉秆缠绕打结，难以直接利用，回收后的机收残膜只能被随意堆放、掩埋或者焚烧。针对机收膜杂混合物回收后难以清选利用的问题，研究中以棉田机收膜杂混合物为研究对象，对预处理后的膜杂混合物的物料特性进行了测定，设计了气吸式梭形筛膜杂混合物分离装置，进行机理分析、仿真分析和试验研究，研究结论如下：

　　(1) 膜杂分离物料的制备与悬浮特性分析。本书通过对机收残膜混合物分拣与统计，得到混合物中残膜重量占比为 21.1%～38.9%，残膜形状极不规则，多为长条状，单片面积为 4～1 600 cm² 不等；棉秆重量占比为 34.8%～51.1%，形状主要为秆状，长度范围为 1～25 cm，茎秆直径范围为 1～12 mm；土壤颗粒等质量占比为 14.8%～34.9%，形状主要为颗粒或块状，粒径范围为 3～22 mm，其中，对于小于 3 mm 以下的土壤颗粒，只称重不统计大小。随机选取 6 份样本中的残膜、棉秆、土壤颗粒，按质量百分比计算各组分比例，对其结果取算术平均值，得出残膜、棉秆、土壤颗粒在样本中的平均百分比分别为 33.2%、39.3%、27.5%。制备适于分离的膜杂混合物的物料时，破碎装置最佳工作参数为破碎辊长度 1 050 mm、破碎辊转速 1 050 r/min、物料喂入量 150 kg/h。通过对制备的膜杂混合物的物料分拣与统计得到，处理后片状残膜面积为 1～170 cm² 不等，棉秆长度为 6～50 mm 不等，土壤颗粒粒径为 3～12 mm 不等，残膜的密度测量值围绕平均值 0.213 g/cm³ 上下波动。由悬浮速度测定试验可知，残膜悬浮速度范围为 1.8～3.2 m/s，棉秆悬浮速度为 5.9～10.2 m/s，土壤颗粒等总体悬浮速度为 6.4～12.8 m/s。研究结果为后续气吸式梭形筛膜杂分离装置的整体结构和工作参数分析及仿真模型的建立提供了基础支撑。

（2）气吸式梭形筛膜杂分离装置的设计。分析了膜杂分离的问题和原因，阐述了膜杂混合物分离的要求，制定了膜杂混合物分离工艺流程，分膜土分离、中间抛送、膜秆分离三个阶段进行混合物分离，提出了一种气吸运移与梭形筛分相结合的方法，明确膜杂分离方案。阐述了气吸式梭形筛膜杂分离装置结构组成和工作原理，并对装置关键部件进行分析与设计，确定了梭形筛机构的筛体倾角为 16°，机构端部梭形口直径为 500 mm，中间抛送圆环体直径为 1 000 mm，机构长度为 2 100 mm。膜土分离体由锥形筛筒和螺旋叶片组成，确定筛孔的排布，圆形筛孔直径为 20 mm，推导建立了螺旋叶片曲线参数方程，螺旋升角由后期仿真试验确定。中间抛送圆环体由圆环板和抛送板组成，抛送倾角由后期仿真试验确定。确定了膜秆分离体筛孔为矩形孔，呈交错式排布，矩形孔长 56 mm、宽 15 mm。风力系统由吸风管、离心风机、三相异步电动机等组成，明确了叶片装置的结构，确定了功率选取 7.5 kW - 2 级、额定转速为 2 900 r/min 的电机。研究结果为膜杂动力学特性分析及分离特性研究奠定了基础。

（3）膜杂分离过程的理论分析。对膜杂混合物在分离装置的运动过程进行了分析，依据混合物的分离顺序分为膜土分离、抛送、膜秆分离三个过程。首先分析土壤颗粒在膜土分离体筛面上的力学特性，得出螺旋叶片升角、筛体倾角、筛体转速等均能影响土壤颗粒的运动这个结果。对膜秆混合物在中间抛送圆环体内脱离抛送板前进行力学分析，得出在分离装置结构参数确定情况下，抛送板角度是影响抛送距离的关键因素，角度由仿真试验确定。分析膜秆混合物在膜秆分离体区域气流场中运动力学特性，得出可控因素中风速大小、气流角度是影响膜秆分离的关键因素。研究获取了膜杂分离过程中的物料力学特性影响规律，为后续分离装置仿真与关键参数取值范围确定提供条件。

（4）气吸运移条件下膜杂混合物运动仿真分析。对分离装置模型进行了简化，并划分网格；构建了物料模型，通过堆积角仿真试验和物料试验测定值相对误差为 3.99%，表明参数适用于膜杂接触模型仿真。通过离散元仿真分析，确定了螺旋叶片的螺距，进而确定螺旋升角为 16.53°；确定中间抛送圆环体抛送板安装角度为 28°。基于分离装置分离室内流场特性仿真试验，明确了梭形筛机构内气流场分布特征，并对风速、吸风口角度、挡板高度、转速等因素对气流场的影响规律进行了分析，得出风速和转速变化对分离室内流场影响较小，吸风口角度和挡板高度对分离室内流场分布影响较大。通过耦合仿真试验，探究了试验因素对气吸式梭形筛膜杂分离装置分离性能的影响规律，即膜中含杂率随着气流风速的增加而增加，随着气流角度和挡板高度的增加呈现先降低后增加的趋势；综合确定因素较优区间：气流风速为 9～13 m/s，气流角度为 20°～35°，挡板高度为 160～200 mm。研究结果为开展膜杂分离物理试验奠定了基础。

（5）气吸式梭形筛膜杂分离装置试验研究。搭建了气吸式梭形筛膜杂分离装置，以吸风口风速、气流角度、挡板高度、喂入量为影响因子开展响应面试验研究与分析，建立了膜中含杂率和漏膜率的四因素三水平的二次多项影响模型。结果表明，各因素值对膜中含杂率的影响显著顺序由大到小为喂入量、吸风口风速、挡板高度、气流角度，各影响因素对漏膜率影响显著性顺序由大到小为吸风口风速、气流角度、喂入量、挡板高度。利用 Box-Behnken 组合试验法优化分析，得出气吸式梭形筛膜杂分离装置较优工作参数组合为吸风口风速 11 m/s、气流角度 35°、挡板高度 190 mm、喂入量 165 kg/h。在相同条件下开展气吸式梭形筛膜杂分离装置验证试验，试验得到膜中含杂率为 8.31%，漏膜率为 0.098%，与优化模型相对误差在 7% 之内，模型准确可靠，满足膜杂分离要求。

7.2　主要创新点

（1）提出了一种气吸运移和梭形筛分相结合的膜杂混合物分离方法。本书针对机收残膜分离不彻底、难以利用的问题，结合膜杂混合物特殊物料性质，提出一种气吸运移与梭形筛分相结合的膜杂分离方法。首先利用梭形筛分的方法解决分离过程因物料差异大出现局部堆积问题，同时利用梭形筛打散混合物中的团聚物；其次利用气吸运移配合梭形筛结构，解决筛孔堵塞与气流不集中难以运移残膜的问题。

（2）创制了一种气吸式梭形筛膜杂混合物分离装置。基于膜杂分离技术方案，创制了一种气吸式梭形筛膜杂混合物分离装置，并对关键部件进行了设计，通过虚拟仿真与物理样机试验，优化分离装置结构参数和工作参数，有效降低了膜中含杂率和漏膜率，拓展了柔性膜与硬质棉秆的分离方式，为机收膜杂混合物筛分装备的研发提供理论依据。（已授权发明专利 1 项）

7.3　展望

以棉田机收膜杂混合物为研究对象，对气吸式梭形筛膜杂分离机理及装置进行研究，研究成果可为膜杂分离装备开发提供理论与技术支持，但仍然有许多工作需要进一步研究：

（1）膜杂混合物清选分离过程相对复杂，在数值仿真模拟和模型构建方面存在一定的误差，可将高速摄像与流场测量技术结合，借助实际物料的运动迁移轨迹，对机收膜杂混合物清选分离机理深入研究，进而对模型进行修正。

（2）本书主要开展棉田机收膜杂混合物的清选分离研究，下一步将在此研究基础上，开展其他覆膜种植作物机收残膜混合物的分离研究；因为片状残膜的柔性问题，存在一定的缠绕现象，随着课题研究的深入，后期可从残膜缠绕机理方面进行完善。

（3）考虑实际应用和规模化作业需求，可将机收残膜破碎装置和膜杂分离设备进行组合改装，使其呈流水线作业，提高膜杂分离工作效率，以便推广应用。

参 考 文 献

白博,2011. 一种棉秆原料地膜分离机:201120024803.2 [P] .08 - 17.

陈兴华,陈学庚,李景彬,等,2020. 钉齿滚筒式播前残膜回收装置设计与试验 [J] . 农业工程学报,36 (2):30 - 39.

成雨,原园,甘立,等,2016. 尺度相关的分形粗糙表面弹塑性接触力学模型 [J] . 西北工业大学学报,34 (3):485 - 492.

程方平,庹洪章,易文裕,等,2023. 棉田残膜回收机械研究现状及发展趋势 [J] . 中国农机化学报,44 (2):200 - 207.

戴飞,郭笑欢,赵武云,等,2018. 帆布带式马铃薯挖掘-残膜回收联合作业机设计与试验 [J] . 农业机械学报,49 (3):104 - 113.

樊晨龙,崔涛,张东兴,等,2018. 纵轴流联合收获机双层异向清选装置设计与试验 [J] . 农业机械学报,49 (S1):239 - 248.

冯硕,王延刚,王信锟,等,2022. 基于离散元方法的餐厨垃圾螺旋挤压装置性能研究 [J] . 食品与机械,38 (4):109 - 113.

冯忠绪,2014. 搅拌理论及其设备的研究进展 [J] . 工程机械,45 (5):1 - 8.

郭书立,马浏轩,孙晓冰,2014. 基于质点耦合运动学的筛分原理分析及筛分机设计 [J] . 机械工程师 (6):3 - 6.

郭文松,坎杂,张若宇,等,2011. 网状滚筒式籽棉残膜分离机物料特性分析 [J] . 农业工程学报,27 (S2):1 - 5.

国家市场监督管理总局,2019. 废塑料再生利用技术规范:GB/T 37821—2019 [S] . 北京:中国标准出版社.

韩占忠,2004.FLUENT:流体程仿真计算实例与应用 [M] . 北京:北京理工大学出版社.

何浩猛,胡斌,潘峰,等,2021. 叶轮扰动水介质对地膜与棉秆沉降聚集行为影响与试验 [J] . 农业工程学报,37 (2):86 - 95.

何欢欢,2015. 振动筛式土壤:残膜分离装置的设计与试验分析 [D] . 塔里木:塔里木大学.

何欢欢,马少辉,2015. 土壤残膜振动筛的研究现状综述 [J] . 农机化研究,37 (9):264 - 268.

胡灿，王旭峰，陈学庚，等，2019. 新疆农田残膜污染现状及防控策略［J］. 农业工程学报，35（24）：223-234.

胡广发，全腊珍，邹运梅，等，2021. 农田残膜机械回收膜土分离装置设计与试验［J］. 中国农业科技导报，23（7）：82-92.

蒋德莉，陈学庚，颜利民，等，2019. 随动式残膜回收螺旋清杂装置设计与试验［J］. 农业机械学报，50（4）：137-145.

蒋德莉，陈学庚，颜利民，等，2020. 农田残膜资源化利用技术与装备研究［J］. 中国农机化学报，41（1）：179-190.

蒋恩臣，王立军，刘坤，等，2006. 联合收获机惯性分离室内气固两相流数值模拟［J］. 江苏大学学报（自然科学版），27（3）：93-196.

靳伟，张学军，丁幼春，等，2022. 基于 EDEM-Fluent 的残膜与杂质悬浮分离仿真与试验［J］. 农业机械学报，53（4）：89-98.

康建明，陈学庚，温浩军，等，2013. 基于响应面法的梳齿式采棉机采收台优化设计［J］. 农业机械学报，44（S2）：57-61.

康建明，解臣硕，王小瑜，等，2022. 滚筒筛式膜杂风选机筛孔清堵装置设计与试验［J］. 农业机械学报，53（9）：91-98.

康建明，彭强吉，王士国，等，2018. 弹齿式残膜回收机捡拾装置改进设计与试验［J］. 农业机械学报，49（S）：295-303.

康建明，张恒，张国海，等，2020. 残膜空气动力学特性与膜杂分离装置试验［J］. 中国农机化学报，41（1）：167-172.

冷峻，栗晓宇，杜岳峰，等，2020. 单纵轴流谷物联合收获机清选装置内部流场分析与优化［J］. 农业工程学报，36（11）：39-48.

李兵，2006. 生活垃圾深度分选及设备优化组合技术研究［D］. 上海：同济大学.

李博，商丹丹，贾晓奇，2022. 不同流量、叶片数对板式无蜗壳离心风机流动特性的影响［J］. 价值工程，41（23）：79-82.

李春花，杨先海，徐鹏，2013. 废塑料薄膜在分选室中运动动力学研究［J］. 机械科学与技术，32（5）：744-746；750.

李洪昌，李耀明，唐忠，等，2012. 风筛式清选装置振动筛上物料运动 CFD-DEM 数值模拟［J］. 农业机械学报，43（2）：79-84.

李卫国，陈炜，2011. 螺旋升角对混凝土搅拌运输车搅拌筒内部流动影响的数值模拟［J］. 机械设计与制造（4）：197-198.

李锡夔，1995. 非线性计算固体力学的若干问题［J］. 大连理工大学学报（6）：783-789.

李永奎，孙月铢，白雪卫，2015. 玉米秸秆粉料单模孔致密成型过程离散元模拟［J］. 农业工程学报，31（20）：212-217.

栗晓宇，杜岳峰，刘磊，等，2023. 玉米低损籽粒直收机自动控制系统设计与试验 [J]. 农业工程学报，39 (2)：34-42.

梁荣庆，陈学庚，张炳成，等，2019. 新疆棉田残膜回收方式及资源化再利用现状问题与对策 [J]. 农业工程学报，35 (16)：1-13.

廖辉，2013. 颗粒物质在黏性流体中运动过程的数值分析 [J]. 应用力学学报，30 (5)：768-771；808.

林涛，汤秋香，郝卫平，等，2019. 地膜残留量对棉田土壤水分分布及棉花根系构型的影响 [J]. 农业工程学报，35 (19)：117-125.

刘红，杨先海，黄朋涛，等，2012. 废旧塑料薄膜混合物风选参数研究 [J]. 山东理工大学学报（自然科学版），26 (3)：60-63.

刘洪斌，张进，肖慧娜，等，2019. 固相颗粒在旋流场形成过程中的运动分析 [J]. 化工进展，38 (3)：1236-1243.

刘佳，沈晓贺，崔宽波，等，2021. 核桃物料空气动力学特性与风选分离装置试验 [J]. 甘肃农业大学学报，56 (1)：168-174.

刘梦霞，王春耀，范雷刚，等，2016. 场地膜秆分离装置送风口尺寸改变的数值模拟 [J]. 农机化研究，38 (10)：17-21.

刘树华，2010. 秸秆粉碎机地膜分离提取装置：201020216406.0 [P]. 06-07.

刘益强，2014. 生活垃圾风选过程影响参数分析及数值模拟 [D]. 衡阳：南华大学.

刘禹辰，张锋伟，宋学锋，等，2022. 基于离散元法玉米秸秆双层粘结模型力学特性研究 [J]. 东北农业大学学报，53 (1)：45-54.

罗凯，袁盼盼，靳伟，等，2018. 链筛式耕层残膜回收机设计与工作参数优化试验 [J]. 农业工程学报，34 (19)：19-27.

吕绪良，贾其，荣先辉，等，2011. 灰色关联度在光谱曲线相似度分析中的应用 [J]. 解放军理工大学学报（自然科学版），12 (5)：496-500.

马兆嵘，刘有胜，张芊芊，等，2020. 农用塑料薄膜使用现状与环境污染分析 [J]. 生态毒理学报，15 (4)：21-32.

穆桂脂，吕皓玉，张婷婷，等，2021. 甘薯秧回收机抛送装置气固耦合模拟与试验优化 [J]. 农业机械学报，52 (10)：213-222.

牛琪，纪超，赵岩，等，2017. 集条残膜打包机捡拾清理装置设计与试验 [J]. 农业机械学报，48 (5)：101-107.

农业部农业机械试验鉴定总站，2008. 农业机械试验条件测定方法的一般规定：GB/T 5262—2008 [S]. 北京：中国标准出版社.

裴志军，2006. 砼搅拌运输车搅拌筒对数螺旋线螺距的探讨 [J]. 专用汽车 (6)：28-31.

彭强吉，李成松，康建明，等，2020. 气力式圆筒筛膜杂分离机改进设计与试验 [J].

农业机械学报，51（8）：126－135.

彭祥彬，2021. 交错式多筛体膜杂除土装置设计与试验［D］. 石河子：石河子大学.

彭祥彬，坎杂，张炳成，等，2023. 棉田机收膜杂除土装置设计与试验［J］. 农机化研究，45（1）：58－65.

钱涌根，顾炜，高虹，1999. 垃圾滚筒筛设计［J］. 工程机械（5）：14－16：49.

任露泉，2003. 试验优化设计与分析［M］. 北京：高等教育出版社.

盛江源，田宏炜，于津寿，等，1980. 物料空气动力学特性测试装置的设计和试制［J］. 吉林农业大学学报（2）：45－52.

石鑫，牛长河，乔园园，等，2016. 塑料垃圾分选技术在废旧地膜与杂质分离中的应用研究进展［J］. 农业工程学报，32（S2）：22－31.

石鑫，杨豫新，牛长河，2022. 关于农田废旧地膜机械化回收及综合利用的建议［J］. 新疆农机化（1）：40－42.

史高昆，李景彬，坎杂，等，2022. 惯性气流式红枣清选系统设计与试验［J］. 农业机械学报，53（6）：167－176.

孙晓霞，2018. 基于气固两相螺旋流的高效垂直螺旋输送机理研究［D］. 太原：太原科技大学.

孙岳，简建明，田玉泰，等，2018. 残膜回收机旋转式起膜装置起膜机理分析与试验［J］. 农业机械学报，49（S1）：304－310.

塔娜，秀荣，张志耀，2009. 粮食颗粒悬浮速度测试分析［J］. 农机化研究，8：147－150.

塔娜，张志耀，秀荣，2009. 基于图像法粮食物料悬浮速度研究［J］. 粮食与饲料加工，7：7－10.

唐红侠，赵由才，2007. 滚筒筛筛分生活垃圾的理论研究［J］. 环境工程学报（12）：124－127.

田多林，侯海瑶，张佳，等，2020. 链齿式残膜回收机设计与试验研究［J］. 中国农机化学报，41（9）：204－209：215.

万星宇，舒彩霞，徐阳，等，2018. 油菜联合收获机分离清选差速圆筒筛设计与试验［J］. 农业工程学报，34（14）：27－35.

王福军，2004. 计算流体力学分析［M］. 北京：清华大学出版社.

王科杰，胡斌，罗昕，等，2017. 残膜回收机单组仿形搂膜机构的设计与试验［J］. 农业工程学报，33（8）：12－20.

王立军，李洋，梁昌，等，2015. 贯流风筛清选装置内玉米脱出物运动规律研究［J］. 农业机械学报，46（9）：122－127.

王立军，彭博，宋慧强，2018. 玉米收获机聚氨酯橡胶筛筛分性能仿真与试验［J］. 农业机械学报，49（7）：90－96.

王庆祝，赵金川，刘荣昌，等，2002. 高速气流清选农作物籽粒的机理探讨［J］. 河北职业技术师范学院学报（4）：44-48.

王韦韦，蔡丹艳，谢进杰，等，2021. 玉米秸秆粉料致密成型离散元模型参数标定 [J].
农业机械学报，52（3）：127-134.

王维岗，申玉熙，2002. 新疆农田废旧地膜污染状况及防治措施 [J]. 新疆农业科技，
6：5.

王晓明，2005. 抖动链式残膜回收机传动系统与膜土分离机构的研究 [D]. 北京：中国
农业大学.

王永谊，1995. 筛孔堵塞问题浅析 [J]. 陕西煤炭技术（1）：2-6.

王泽南，张鹏，2002. 农业物料球形颗粒临界速度动力特性的仿真 [J]. 农业工程学报，
18（4）：14-17.

温翔宇，贾洪雷，张胜伟，等，2020. 基于 EDEM-Fluent 耦合的颗粒肥料悬浮速度测
定试验 [J]. 农业机械学报，51（3）：69-77.

闻邦椿，1989. 振动筛振动给料机振动运输机的设计与调试 [M]. 北京：化学工业出
版社.

吴明聪，陈树人，卞丽娜，等，2014. 不同刈割期秧草收割物悬浮速度的测定与分析
[J]. 安徽农业大学学报，41（3）：507-512.

吴文渊，李静海，杨励丹，等，1992. 颗粒-流体两相流中颗粒团聚物存在的临界条件
[J]. 工程热物理学报（3）：324-328.

吴子牛，2007. 空气动力学 [M]. 北京：清华大学出版社.

邢纪波，俞良群，张瑞丰，等，1999. 离散单元法的计算参数和求解方法选择 [J]. 计
算力学学报，16（1）：47-51.

熊平原，薛森杰，王毅，等，2019. 气吸式油茶籽壳仁清选装置仿真分析与试验 [J].
仲恺农业工程学院学报，32（1）：35-40：45.

熊天伦，鲁录义，2019. 基于广义粘弹性颗粒材料的接触力模型 [J]. 能源与节能，
2019（6）：2-5：29.

徐建华，杨立山，陈亮，等，2021. 沉降室升降阀板的气固两相流场数值分析 [J]. 中
国工程机械学报，19（1）：13-19.

徐效伟，魏海，颜建春，等，2022. 花生荚果离散元仿真参数标定 [J]. 中国农机化学
报，43（11）：81-89.

许宁，康建明，张恒，等，2021. 气吸式残膜回收除杂一体机试验研究 [J]. 中国农机
化学报，42（1）：14-19.

许胜麒，张洪申，2021. 基于 Comsol 的退役乘用车塑料高压静电分离 [J]. 工程塑料
应用，49（11）：72-77.

闫典明，徐景，张中锋，2022. 马铃薯收获机振动分离筛的设计与分析 [J]. 甘肃农业
大学学报，57（4）：220-226.

杨晋，闫宏伟，崔子梓，等，2017. 筛网倾斜式筛分装置物料运动轨迹研究［J］. 轻工机械，35（2）：66-69.

杨猛，张延化，张冲，等，2020. 先揉切后分离风筛组合式花生膜秧分离装置设计与试验［J］. 农业机械学报，51（12）：112-121.

杨松梅，2020. 随动式棉田残膜回收机设计及关键技术研究［D］. 长春：吉林大学.

杨先海，2005. 城市生活垃圾压缩和分选技术及机械设备研究［D］. 西安：西安理工大学.

杨先海，吕传毅，2007. 塑料优化分选设备风选运动特性分析和试验［J］. 机械工程学报（2）：132-135.

杨秀伦，2007. 不同材料形状物料颗粒透筛性能的研究［D］. 郑州：郑州大学.

叶方平，李郁，胡吉全，等，2017. 基于颗粒动力学理论的气力输送特性研究［J］. 武汉理工大学学报（5）：47-52；57.

由佳翰，陈学庚，张本华，等，2017. 4JSM-2000型棉秆粉碎与残膜回收联合作业机的设计与试验［J］. 农业工程学报，33（10）：10-16.

游兆延，胡志超，吴惠昌，等，2017. 1MCDS-100A型铲筛式残膜回收机的设计与试验［J］. 农业工程学报，33（9）：10-18.

袁月明，马旭，金汉学，等，2005. 气吸式水稻芽种排种器气室流场研究［J］. 农业机械学报，36（6）：42-45.

约翰·沙伊斯，2004. 聚合物回收：科学、技术与应用［M］. 北京：化学工业出版社：31.

曾山，文智强，刘伟健，等，2021. 气吸式小粒蔬菜种子精量穴播排种器优化设计与试验［J］. 华南农业大学学报，42（6）：52-59.

翟庆良，2014. 多相流新理论及其应用［M］. 沈阳：东北大学出版社.

张锋伟，宋学锋，张雪坤，等，2019. 基于气固耦合的排料装置内物料运动特性数值模拟［J］. 应用基础与工程科学学报，27（6）：1411-1419.

张富贵，荆双伟，张周，等，2017. 一种实现残膜与杂质分选的方法及装置：20171017-5944.6［P］.03-23.

张汉中，孟文俊，王贝贝，2022. 基于CFD-DEM耦合仿真的抓斗卸料气固两相流场研究［J］. 矿业研究与开发，42（4）：166-172.

张佳，王宏，尹君驰，等，2019. 铲筛式残膜回收机分离机构的设计及试验［J］. 中国农机化学报，40（12）：184-189.

张家港市贝尔机械有限公司，2016. 薄膜分选回收装置：201610095511.5［P］.04-27.

张学军，刘家强，史增录，等，2019. 残膜回收机逆向膜土分离装置的设计与参数优化［J］. 农业工程学报，35（4）：46-55.

张亚萍，胡志超，游兆延，等，2018. 铲筛式残膜回收机膜土分离技术研究［J］. 中国农机化学报，39（8）：21-26.

赵磊，2016. 风-筛式土壤残膜分离装置内气-固流场试验与分析 [D]. 塔里木：塔里木大学.

赵磊，马少辉，2016. 风筛式土壤残膜分离装置的设计与试验分析 [J]. 农机化研究，38（10）：174-177：182.

赵磊，马学东，郭柄江，等，2020. 稻米清选的数值模拟研究与试验 [J]. 中国农机化学报，41（2）：73-79.

赵岩，陈学庚，温浩军，等，2017. 农田残膜污染治理技术研究现状与展望 [J]. 农业机械学报，48（6）：1-14.

赵跃民，刘初升，1999. 干法筛分理论及应用 [M]. 北京：科学出版社.

钟红燕，刘旭，袁茂强，等，2011. 破碎塑料膜片气流吸送系统的设计 [J]. 中南林业科技大学学报，31（6）：181-186.

周磊，张森，赵英利，等，2021. 基于非对称高斯函数的个人/群组动态舒适空间建模 [J]. 机器人，43（3）：257-268.

周力行，1982. 有相变的颗粒群：气体系统的多相流体力学 [J]. 力学进展（2）：141-150.

周鹏飞，陈学庚，蒙贺伟，等，2023. 滚筒式机收膜杂除土装置设计与试验 [J/OL]. 吉林大学学报（工学版）：1-14 [2023-05-19]. DOI：10.13229/j. cnki. jdxb-gxb20211267.

周又和，2012. 离散单元法的颗粒接触模型（即软球正碰撞模型）的研究进展 [C] //颗粒材料计算力学研究进展：32-37.

朱鹏飞，2019. 谷物风筛清选仿真研究及关键参数优化设计 [D]. 浙江：浙江大学.

朱忍忍，宋少云，张永林，等，2018. 基于 EDEM 的小麦磨粉过程仿真 [J]. 武汉工业学院学报，037（1）：82-85.

Biddulph M W, 1987. Design of Vertical Air Classifiers for Municipal Solid Waste [J]. Canadian Journal of Chemical Engineering, 65（4）：571-580.

Carrera P, 1991. Air Classifier for Light Reusable Materials Separation From a Stream of Non shredded Solid Waste [Z]. US：Us5025929：1-10.

Cazacliu B, Sampaio CH, Miltzarek G, et al, 2014. The Potential of Using Air Jigging to Sort Recycled Aggregates [J]. Journal of Cleaner Production, 66（3）：46-53.

Eswaraiah C, Kavitha T, Vidyasagar S, et al, 2008. Classification of Metals and Plastics From Printed Circuit Boards (pcb) Using Air Classifier [J]. Chemical Engineering and Processing：Process Intensification, 47（4）：565-576.

Ildar Badretdinov, Salavat Mudarisov, Ramil Lukmanov, 2019. Mathematical modeling and research of the work of the grain combine harvester cleaning system [J]. Computers and Electronics in AgricultureVolume 165, Issue C. PP 104966-104966.

Jiapeng Yang, Qi An, 2019. Calculating method of the fatigue life for the main supporting bearing of mixing drum in concrete mixing truck when considering drum's vibration [J]. Proceedings of the Institution of Mechanical Engineers, Part K: Journal of Multi-body Dynamics, 233 (2).

Johansson R, 2014. Air Classification of Fine Aggregates [D]. Sweden: Chalmers University of Technology.

Plastics Europe, 2011. Plastics the Facts [EB/OL]. Available from: http://www.plastics Europe. org/Document/plastics-the-facts-2011.

Richard G M, Mario M, Javier T, et al, 2011. Optimization of the recovery of plastics for recycling by density media separation cyclones [J]. Resources Conservation & Recycling, 55 (4): 472-482.

Saitov V, Kurbanov F, Suvorov A N, 2016. Assessing the Adequacy of Mathematical Models of Light Impurity Fractionation in Sedimentary Chambers of Grain Cleaning Machines [J]. Procedia Engineering, 150 (6), 107-110.

Shapiro M, Galperin V, 2005. Air Classification of Solid Particles: a Review [J]. Chemical Engineering & Processing Process Intensification, 44 (2): 279-285.

Stessel R I, Pelz S, 1994. Air Classification of Mixed Plas Tics [C] //National Waste Processing Conference Proceedings Asme, Florida: 333-339.

USEPA, 2011. Municipal Solid Waste Generation, Recycling, and Disposal in the United States: Facts and Figures for 2010 [EB]. Available from.

Wang Q, Melaaen M C, Silva S R D, 2001. Investigation and Simulation of a Crossflow Air Classifier [J]. Powder Technology, 120 (3): 273-280.

Wensong Guo, Can Hu, Xiaowei He, et al, 2020. Construction of virtual mulch film model based on discrete element method and simulation of its physical mechanical properties [J]. International Journal of Agricultural and Biological Engineering, 13 (4): 211-218.

Xudong C, Fengming X, Yong G, et al, 2011. The potential environmental gains from recycling waste plastics: Simulation of transferring recycling and recovery technologies to Shenyang, China [J]. Waste Management, 31 (1): 168-179.

Zagaj I, Ulbrich R, 2014. The Use of the Image Analysis Method for the Segregation of Shredded Waste in an Air Classifier [J]. Civil & Environmental Engineering Reports, 13 (2): 97-107.

附录　符号说明

Y_C——样本中残膜占比（%）

Y_G——样本中棉秆占比（%）

Y_T——样本中土壤颗粒占比（%）

M_C——样本中残膜的质量（g）

M_G——样本中棉秆的质量（g）

M_T——样本中土壤颗粒的质量（g）

M_Z——样本的总质量（g）

P_1——膜片面积合格率（%）

C_L——合格膜片的质量（g）

C_Z——膜片总质量（g）

P_2——棉秆尺寸合格率（%）

G_L——合格尺寸棉秆质量（g）

G_Z——棉秆总质量（g）

m——物料的质量（g）

G——物料所受的重力（N）

P_Z——气流对物料的阻力（N）

K——阻力系数，与物料的形状、表面特性和雷诺数有关

ρ——空气密度（kg/m³）

S——物料在垂直于气流方向上的最大截面积（cm²）

V_q——气流速度（m/s）

v_{xf}——悬浮速度（m/s）

v——风速（m/s）

h——悬浮高度（mm）

α_t——试验台观察管倾角（3.5°）

$Cov(X,Y)$——X 与 Y 的协方差

$Var[X]$ ——X 的方差

$Var[Y]$ ——Y 的方差

α ——筛体倾角（°）

D ——中间抛送圆环体直径（mm）

d ——筛体小口径处直径（mm）

L_1 ——筛体单侧长度（mm）

L_2 ——中间抛送圆环体宽度（mm）

Q ——膜杂分离装置的生产率

ρ_1 ——膜杂混合物容重（t/m³），对机收残膜破碎后的膜杂混合物进行测定，容重为 0.2～0.3 t/m³

n_0 ——筛体转速（r/min）

h ——膜杂混合物在筛体内的厚度（mm）

w_1 ——土壤颗粒横截面投影（mm²）

s_1 ——筛孔面积（mm²）

R ——筛体半径

β_1 ——物料点 P 与筛面的脱离角

n_L ——临界转速（r/min）

D ——中间抛送圆环体直径（mm）

Q_1 ——风机流量（m³/s）

V ——近风口风速（m/s）

S_n ——进风管截面积（m²）

N_i ——风机内功率（kW）

PtF ——全压（Pa）

η ——内效率

α ——筛体倾角（°）

β ——对数螺旋曲线的螺旋角（°）

P_n ——螺距（mm）

d ——所处位置螺旋叶片内径（mm）

μ_1 ——颗粒与螺旋面的摩擦系数

α ——筛体倾角（°）

β ——对数螺旋曲线的螺旋角（°）

f_1 ——摩擦力（N）

d_2——物料所处位置螺旋叶片内径（mm）

N_1——螺旋面棉秆的压力（N）

V_{YT}——物料颗粒的周向速度（m/s）

P_n——螺距（mm）

n——筛体转速（r/min）

d_2——物料所处位置螺旋叶片内径（mm）

F_p——瞬间抛送力（N）

σ——抛送角（°）

G_1——质点重力（N）

f_z——质点所受摩擦力（N）

v_n——气流速度（m/s）

m_1——膜秆混合物质量（kg）

k——风场中阻力系数

V_{x1}——膜杂混合物颗粒沿水平方向的速度分量（m/s）

y_1——物料垂直方向下落高度（mm）

t_1——物料在流场中运行时间（s）

E^*——等效弹性模量

R^*——等效颗粒半径（mm）

F_n——膜杂混合物颗粒间法向力（N）

E_1——颗粒 1 的弹性模量

υ_1——颗粒 1 的泊松比

E_2——颗粒 2 的弹性模量

υ_2——颗粒 2 的泊松比

R_1——颗粒 1 的半径（mm）

R_2——颗粒 2 的半径（mm）

F_n^a——法向阻尼力（N）

m^*——等效质量（g）

β_6——系数

S_n——法向刚度

V_n^{rel}——相对速度的法向分量（m/s）

m_{g1}——颗粒 1 的质量（mm）

m_{g2}——颗粒 2 的质量（mm）

e——恢复系数

α_f——法向重叠量

S_t——切向刚度

δ_c——切向重叠量

G_1——颗粒 1 的剪切模量

G_2——颗粒 2 的剪切模量

V_t^{rel}——相对速度的切向分量

m_z——振子质量（g）

x——偏离平衡位置的位移（mm）

$\dot{x}$——位移 x 的一阶导数

$\ddot{x}$——位移 x 的二阶导数

c_n——弹簧阻尼系数

k^t——弹簧弹性系数

μ_t——湍流黏度（Pa·s）

ρ——空气密度（kg/m³）

G_k——平均速度梯度引起的湍动能 k 的产生项

G_b——阻力产生的湍动能 k 的产生项

Y_M——可压缩湍流中脉动扩张的贡献

S_i、S_k、S_ε——源项

β_p——热膨胀系数

Mt——马赫数

u_t——壁面摩擦因数

ρ_f——空气的密度（kg/m³）

t_n——时间（s）

V_f——气流场风速（m/s）

ε_f——气体的体积分数项

P_v——气体微元上的压强（Pa）

g——物料颗粒的重力（m/s²）

μ_f——黏滞系数

∇——哈密顿微分算子

S_D——动量汇

F_i——第 i 个颗粒对气流的阻力（N）

V_a——网格单元的体积（m^3）

Y_1——膜中含杂率（%）

m_{z1}——集膜箱内物料的总质量（g）

m_{c1}——集膜箱物料中残膜质量（g）

Y_2——漏膜率（%）

m_{z2}——出料口排出的物料总质量（g）

m_{c2}——出料口排出物料中残膜质量（g）

Y_{G1}——膜中含杂率（%）

G_{m1}——集膜箱物料中杂质质量（g）

G_{z1}——集膜箱内物料的总质量（g）

Y_{G2}——漏膜率（%）

G_{m2}——排出的杂质物料中残膜质量（g）

G_{z2}——排出的杂质物料总质量（g）